自尊的重建

从我不配到我值得

瞿小栗◎著

人民邮电出版社

北　京

图书在版编目（ＣＩＰ）数据

自尊的重建：从我不配到我值得 / 瞿小栗著. --
北京：人民邮电出版社，2023.4
ISBN 978-7-115-61394-3

Ⅰ．①自… Ⅱ．①瞿… Ⅲ．①自尊—通俗读物 Ⅳ.
①B842.6-49

中国国家版本馆CIP数据核字(2023)第049215号

内 容 提 要

如果你已经很努力了，但努力与成功却无法为你带来内在的安稳。仿佛一丁点的负面反馈和压力就可以瞬间击垮你。此时，你应该明白：是你的自尊出问题了。

本书作者从童年创伤、自我认同、羞耻感、完美主义四个维度拆解自尊的心理模型，帮助读者学会接纳自己、拥有更稳定的自尊和内在价值感。通过阅读本书，那些受困于飘忽不定的自尊、挣扎于通过做事或讨好他人让自己变得"更好"的读者会放松下来，向内看，尝试与"好的"自我感受相遇，并最终成为一个勇敢爱自己的人。

本书适合所有在自我价值感方面存在困扰的人，能够帮助读者理解自尊，接纳自己，拥有更好的自我感觉及恰如其分的自尊。

◆ 著　瞿小栗
责任编辑　黄海娜
责任印制　彭志环
◆ 人民邮电出版社出版发行　　北京市丰台区成寿寺路 11 号
邮编 100164　电子邮件 315@ptpress.com.cn
网址 https://www.ptpress.com.cn
北京九州迅驰传媒文化有限公司印刷
◆ 开本：880×1230　1/32
印张：7　　　　　　　　　　2023 年 4 月第 1 版
字数：150 千字　　　　　　　2025 年 6 月北京第 7 次印刷

定　价：59.80 元
读者服务热线：（010）81055656　印装质量热线：（010）81055316
反盗版热线：（010）81055315

普华文化
PUHUA BOOKS

我们一起解决问题

各方赞誉

这是一本让人不愿意错过的书！看似平实的语言，却蕴含专业的力量，同时也不枯燥，读起来很流畅和轻松。这体现出作者对这个领域的深入体验和探索。相信这是一本很好的自助书，可以为对此话题感兴趣的读者提供有效的指引。

王怀齐

荣格分析师，应用心理学博士

人的一生就是建构自尊的动态过程，自尊不断被打碎再重建。本书肯定了每个人都有重建自尊的潜能，分析了自尊低下的各种原因，最可贵的是作者运用自己10多年的咨询经验，提供了重建自尊的具体方法。知人者智，自知者明。胜人者有力，自胜者强。借助本书，可以让你拥有更多自知和自胜。

严文华

华东师范大学心理与认知科学学院副教授

中国心理学会临床心理学注册督导师

作者用通俗的语言、清晰的条理、丰富的层次、生动的案例，以及形象的隐喻，将断裂的自尊完美地连接了起来。作者不仅告诉我们自尊是什么，还告诉我们为什么会出现自尊问题，以及如何修复自尊。虽然自尊重建的过程可能充满了艰辛，但走过这段旅程的人都会深感值得！希望读者能在阅读本书的过程中，发现自己的"底层代码"，加入自己的"新代码"，并"做自己人生队伍的队长"。

宋钻豪

怀特精神分析学院精神分析师

阅读本书，我们可以看到隐藏在自尊背后的自我认知、自我认同、自我接纳、自我提升。迈过隐性低自尊的门槛，让我们插上自尊飞翔的三只翅膀——开放、接纳、专注——遇到真实而美好的自己！

段鑫星

中国矿业大学教授、博士生导师

心理畅销书《如何拥抱一只刺猬》作者

如果你感到自卑、敏感、无助，总是在意别人对自己的评价，那么，多半是你的自尊出问题了。你的幸福程度与你的自尊水平直接相关！本书从四个维度拆解了自尊的模型，带领你深度探索自己的内心，让你重获爱与被爱的能力。

黄启团

应用心理学导师，作家

在某个瞬间，你会不太喜欢自己吗？你会因为他人的负面反馈而愤怒吗？你明明很努力，却无法享受内在的安稳吗？针对上述问题，如果你内心的答案哪怕有一个"是"，请打开本书，它会很好地帮助你与"好的"自我感受相遇，真正学会爱自己。

潘幸知

幸知在线女性心理成长平台创始人

我们生来就具备自尊感

严艺家

你喜欢自己吗？

你觉得自己足够好吗？

你能安然享受赞美与成功吗？

你可以不仰赖于他人的目光与评价吗？

如果你对上述这四个问题的回答都是"是"，也许本书对你而言并非"必需"。不过，基于我过去 14 年从事心理咨

严艺家：心理咨询师，伦敦大学学院（UCL）儿童青少年精神分析心理治疗博士候选人，UCL 精神分析发展心理学硕士，出版心理学译著及原创心理学作品超百万字，全网粉丝超百万的心理科普博主，一个在持续重建自尊的人。

询工作的观察，以及作为芸芸众生中一员的体验，我认为需要本书的人要远远多于不需要本书的人。

《自尊的重建：从我不配到我值得》是一个非常有意思的书名，因为这个书名中蕴含了一个假设：人生来就具备自尊感。从精神分析发展心理学的角度出发，自尊感的确始于人之初的体验：仔细观察绝大多数婴儿，你会发现他们天然有"为自己骄傲"的能力，比如：

两三个月的宝宝清晨醒来时会咿咿呀呀地微笑，他们似乎对自己"存在于地球上"这个事实本身就感到极其满足；

一岁以内的宝宝无论做什么事情，都会为自己感到骄傲：第一次翻身，第一次爬、坐、站、走，第一次拿勺子，第一次品尝某种食物……一个身心发展良好的孩子会在做到这些事情时表现出"嘚瑟"的状态，他/她可能会在周围人的惊叹中绽放笑容，也可能会在掌握某项技能时迫不及待地邀请他人观看；

当一岁左右的宝宝在镜子里面见到自己，并且开始意识到"那是我"时，他们几乎不会表现出对自己的挑剔，而是会津津有味地欣赏自己的形象，仿佛面对着一件独一无二的艺术品。

......

以上这些在婴儿的世界里再寻常不过的状态倘若能够"平移"到成年人的世界中，简直就是一个自尊感爆棚的状态：

早上醒来会因为"活着"本身而感到幸福，不会忧虑过去与未来，只是享受当下的美妙；

无论实现了多么微小的进步，都觉得自己取得了不错的成就，既能够享受周围人的称赞，又能够专注于自己的目标，不会因为暂时的困难而拒绝进一步发展的可能性；

对自己有天然的好奇与喜欢，不觉得自己有什么特质需要"被修改"。

......

奇怪的是，几乎每一个"低自尊"或需要重建自尊的人，可能都难以想象有健康自尊的体验究竟是怎样的，"自尊"二字似乎带有"只缘身在此山中"的神秘主义色彩，看不见摸不着。也有不少人在亲密关系、职场学业、人际交往、自我发展等议题上长期面临各种阻碍与困难，却从未把那些问题与"自尊"联系到一起去思考。相比"抑郁、焦虑、愤怒、委屈"之类更容易被描述的体验，"自尊"与"低自尊"的含义在心理学科普的传播语境中却长期模糊不清。

作者在本书第一部分中用生动平实的语言描绘了缺乏自尊与自爱究竟是怎样的一种状态，相信很多读者可以从中看见自己或他人的身影，把这些内心冲突"具象化"是在为心智成长拓展出全新的升级空间。值得一提的是，作者用温情而细腻的笔触描绘了一些看似自信、实则低自尊的群体——这类人会让我想到欧洲神话里的"无足鸟"，他们一生的宿命似乎就是飞往更远的地方，仿佛停歇就意味着死亡。他们看起来走得远、爬得高，但内在的动力并非热情，而是"恐惧"。更大的成就给低自尊人群带来了表面的荣耀，但他们却无法真正地对自己感到满意，周围的掌声越响亮，他们内在的恐惧与冲突就越强烈，无法享受自己通过努力奋斗而达到的状态。这类"隐形低自尊"群体可以在本书中体验到不少"被温柔看见"的感觉。

既然是"重建",就必然涉及一个追问:"自尊到底是如何在一个人的发展过程中逐渐坍塌的?"本书第二部分详尽探讨了这个议题。结合自己多年稳扎稳打的心理咨询经验,作者整合了不同文化背景下的心理学及精神分析人格发展理论,提炼出了四个反思"自尊受损"的角度,分别是:童年创伤、自我认同、羞耻感、完美主义。尤其是书中与"羞耻感"有关的阐述,会让人一边阅读一边产生内心某个角落突然有束光照射进去的感觉。在一个人心理成长的过程中,"羞耻感"是最为隐秘的心理绊脚石之一,这种隐形的"疼痛感"如果不加观察与审视,会时刻在无意识层面左右着一个人的言行。作者对于"羞耻感"的见地是温暖、深刻与节制的,一如其在心理咨询工作中的风格。

传统的精神分析理论为理解"为什么"提供了许多灵感来源,却很少提及"怎么做"。所幸作者扎根于精神分析但并不囿于其中。本书第三部分为需要重建自尊的读者提供了具体的操作建议，这些日常小练习几乎人人都能做到。除了帮助自己在一次次有意识的觉察与练习中获得成长之外，这些"怎么做"也可以帮助读者去支持周围有自尊困扰的挚爱亲朋。无论家长、老师、社工还是心理咨询师，这部分内容都可以为己所用，去支持到更多不同年龄阶段的人实现身心的健康发展。

如果把一个人的心灵世界比作一栋大楼，那么自尊就如同这栋大楼的地基。地基不稳固，楼就建不高，即使建得高了，也很容易坍塌。成年人无法穿越回童年去改写"心灵地基"被毁坏的历史，但可以通过有意识的觉察来逐步重建脆弱的"心灵地基"。相信阅读完本书，大部分读者也许会和我一样眼前出现这样一片意象：我们的"存在"本身如同一棵千姿百态的树，而让自尊重新获得滋养的体验，就像是树根朝着大地扎得更深了一些。

我与作者作为同行及好友相识多年，她的"存在"本身就像是那棵稳稳的大树，让包括我在内的不少伙伴们很享受时不时在这棵稳定而繁茂的大树下憩息的感觉。她对心理咨询工作的热爱与投入，展现了健康自尊带给我们的礼物：在日益精进的道路上，原来可以那么"愉悦"与"自在"。

相比自尊从未破损过的幸运儿，能把自尊重建起来的体验也是极其宝贵的，"失而复得"的体验会带来更多慈悲与通透，愿更多伙伴们能经由本书而实现心灵与外部世界的"根深叶茂"。

　　在某次摄影展上，我看到这样一幅作品：在建筑和树荫的拥簇下，河水蜿蜒流向远处，看不到尽头；河面上无数泅渡的运动员戴着五彩斑斓的泳帽；他们的身后留下一条条波纹，和泳帽一起组成了一个抽象的箭头符号，共同指向终点。画面中最显眼的三个游泳者，恰巧分别戴着红、绿、黄三色泳帽，在高分辨率的画面上，他们拍打出飞溅的水花，清晰可见。我记得，这幅作品叫《铁人征程》。

　　在之后的一段时间里，这幅画面会时不时浮现在我眼前。我常常会想：谁又知道水下所发生的一切呢？水面上的奋勇争先是有目共睹的，大家似乎都在向着目标奋力前进，但是水面之下呢？

会有暗流吗？会有无名水草的缠绕吗？会有尖利的石子划破脚底吗？

疲惫会让他们的身体在某一刻无比沉重吗？当体能达到极限时，他们是否允许自己意志消沉？当被其他人超过身位时，他们又如何对抗放弃的念头？

生活长河中的游泳者们呢？有多少人向往成为铁人？有多少人每次挥臂、踏水，不是为了夺标争胜，而是为了不沉入水底？

我在工作和日常生活中经常听到一些人这样评价自己：

"我觉得自己不够好，我该怎么办？"

"我觉得自己很糟糕，我的领导一定也这么觉得。"

"我觉得自己肯定要搞砸了，那些寄希望于我的人，其实根本不知道我是个什么货色！"

"我觉得自己根本做不到，我不知道自己是发了什么疯要学这个。"

……

　　但实际情况并不像他们描述的那样不堪。他们身边的人觉得他们很不错，他们在学习和工作中通常也取得了不错的成绩，即便有点儿瑕疵，也是"瑕不掩瑜"。可是他们依然不断地批评和责备自己，语气中充满了懊恼和烦躁。

　　他们身上完全没有那种"我知道自己其实还不错"的故作姿态。他们身上清清楚楚地写着："我不喜欢自己""我讨厌自己"，这种感受强烈而真实。

　　他们常常处在被自己击溃的边缘。他们的日常表现很容易让人误以为他们对自己有高标准、严要求。而在内心深处，他们可能并不认同自己是心中有理想的逐梦者，反而觉得自己只是背后有追兵的逃亡者。做"更好的自己"是竞技选手进步的动力，却是他们脖颈上的锁套，他们之所以挣扎，只是为了能稍作喘息。虽然这样说有些极端，但事实大抵如此。

　　他们之所以在生活的长河中搏浪向前，是因为脚踝被拴上了巨锚。在水面之上，人们以为他们在努力争胜（或许他们自己也这样认为），而在水面之下，他们只为了不沉入水底，哪怕稍作停歇，也会感到焦虑不已。他们就在我们身边，真实地存在着，由于他们的努力多少带些自我强迫性质，因此我将他们称为"强迫型奋斗者"。

与"强迫型奋斗者"不同，有些奋斗者是快乐的、享受的，不管他们是要准备一次公开演讲、申请一个新的学习项目，还是计划在公司获得晋升机会，人们在听到他们眉飞色舞地描述自己的计划时，很容易激发出心里的羡慕之情，这些人与我要说的"强迫型奋斗者"看起来没有太大差别，都把大部分精力和注意力投入在自我发展、自我成长、自我完善、自我实现上。

他们与"强迫型奋斗者"的区别是，虽然也焦虑，但是这些焦虑不仅不会淹没他们，还能激励他们更积极地努力准备、反复练习、模拟可能遇到的困难。同时很重要的一点是，他们不羞于向外界寻求帮助和支持。他们可以坦然地在各种关系里分享自己的目标、任务和期望，向"过来人"取经，遇到障碍时也能相对自在地"放过"自己，暂时停下来休息或充电，等聚集足够的能量后重新开始。即使最后的结果与预期有出入，他们在感到失望、沮丧的时候，也总能看见自己身上的闪光点，认同努力过程中收获的宝贵经验，相信自己下一次能够做得更好。

总而言之，他们都认为自己足够好，值得更好。

而"强迫型奋斗者"，他们认为自己并不好，然后在追求更好的路上疲于奔命。

"强迫型奋斗者"的压力感和紧张程度极其强烈，不得不消耗大量能量去应对这种高水平焦虑带来的影响。例如，他们经常体验到"万事开头难"，一旦到了计划开启任务的时间，就无法集中注意力，好不容易专注起来，又不敢停下，怕下一次再也找不到一开始的感觉，于是"万事结尾难"，当然还有"万事过程难"。总结起来，准备难，开始难，过程难，结束也难（因为要面对来自外界的评价）。如果你告诉他们："这件事就是很难，很不容易呀"，他们会说："其实还好，也没有那么难，如果我能更努力 / 有经验 / 再多花一些时间……就……了。"言下之意，这件事不算难，主要还是自己不行。

《阿甘正传》曾感动和鼓舞过很多人：阿甘是一个智商偏低的人，你看，哪怕一个智商不及普通人的人，只要足够执着，都可以赢过命运。但我们换一个视角来看，阿甘的内在价值感却恰恰是在平均水准之上的。

他说："妈妈总有办法能把事情说清楚，让我也能听明白。"

他知道自己和常人有一些差别，但妈妈能让他听明白，妈妈向阿甘传递的，除了话语本身的意思，一定还有爱。所以，阿甘的内在是充盈的、稳定的，他从不向外界求证自己的好坏，而是坚定地执着于自己的感受。

因为妈妈在阿甘很小的时候就告诉他："记住我说的话，福雷斯特，你跟别人没有两样，听清楚了没有，福雷斯特，你跟别人一样，没有什么不同。"

阿甘的一生在奔跑中向前，跑赢了橄榄球对手，跑赢了战场的子弹和飞机轰炸，跑赢了命运的安排和悲伤。他说："我就是喜欢跑步，妈妈告诉我：'要往前走，得先忘掉过去'，我想那就是跑步的用意。"阿甘越跑越快，越跑越坚定，他带着妈妈的爱跑向世界。

阿甘并不傻，反而那些不确定自己内在，却又想向世界求证的人，才是让人心疼的傻瓜。

当你觉得自己不够好时，应该努力让自己更好，还是应该努力接受自己的不够好，这并不是一个二选一的命题。实际情况是，只有在充分接纳自我，尊重自我，爱护自我的基础上，我们才能有足够的心理能量和资源去努力让自己变得更好。

要往前走，得先接纳过去。

多年来，我亲历过、也目睹过许多人受苦于飘忽不定、过高或过低的自尊，在外部世界中寻找标准，单一地通过竞争和比较来提升自信心，对他们而言，"我是好的"这种感觉是一种需要不断更新的稀缺资源，一丁点儿的负面反馈和压力就可以瞬间击溃他们的自尊。

他们的自尊就像在沙滩上堆出的城堡，偶然一个浪头打过来，所有努力便化为乌有。

我想象翻开本书的你，大概率已经成年了，读到这里，或许你已经觉察到在过去的漫长岁月里，正是由于你不相信自己是有价值的，才一直痛苦地挣扎着去"做"许多事情来证明你是好的，是有价值且被爱着的。

尽管你已竭尽所能，无论这些行动的成果如何，可能你内心的"批评者"从未停止对你吹毛求疵，而且这个"批评者"仿佛总是能赢得这场关于"自尊评估会议"的胜利，督促你尽快发起下一个目标：你还不够好，你应该做得更好……

要怎么才能拥有自我价值感这根拐杖来帮助我们建立安稳、恰当的自尊呢？在反思回顾我的临床经验和个人体验的基础上，我将本书分成三个部分。

第一部分关于自尊与自爱。我认为，爱自己是成为更好的自己的前提。当我们无法接纳、爱惜自己时，是无法从内部世界获得快乐和动力，从而去探索外部世界的。我们可能会陷入一个怪圈，以为可以通过做事情及将事情做好来提高自尊，追寻"更好的自己"，但这往往会让我们内心更加匮乏。

第二部分关于为什么有些人无法自信地活着。我会通过几个故事①来探讨在我们的发展过程中，低自尊和低自我价值感形成的原因，诸如童年经历、自我认同（身份认同）、羞耻感、理想自我（完美主义）是怎样与我们内在的自我价值感镶嵌在一起、彼此影响的。

第三部分关于如何重建自尊。我们如何从内部点燃自我价值，练习以开放、接纳、专注的形式重建自尊，爱护自己、相信自己，让自己变得更完整，而不是陷入片面的追求。

我始终认为，自我价值感是我们的精神盔甲，它为稳定、恰当的自尊托底，使我们即使跌至谷底，也能积蓄力量重新再来，它保护我们安全、快乐、勇敢地向外追求，它确保我们重视自己——作为完整、美好的人，我们生来值得被爱和尊重。

---

① 本书中的案例和故事，全部是作者基于其工作经验及个人成长体验改编而来，不涉及来访者个人隐私的泄露。

在阅读本书正文之前，我建议你先做做下面的小测验，这 8 个问题可以帮助你初步评估自己的自我价值感和自尊。

1. 写出你认为自己具有的 10 个优点和 10 个缺点，看看在写这两个部分时你的感觉和速度是否有所不同？

2. 回想在你的学习、工作和生活中，你是否倾向于给自己制定不那么切合实际的期望或目标？

3. 你是否认同自己是一个完美主义者？

4. 当要进行一项全新的探索性工作时，你是否会由于害怕犯错而感觉没有任何主意？

5. 你是否感到自己过度关注自我形象，并且风格摇摆不定，经常让自己和他人感到意外？

6. 你是否总是将自己与他人进行比较，并且总是感到自己低人一等？

7. 你是否感到心里总有一个在审视、批评自己的声音，对自己做出的行动难以满意？

8. 你是否不确定自己值得被他人爱和关怀？

如果有超过一半的问题你回答"是"的话，那么你或多或少在日常生活里体验到了"我不够好"的感觉，特别是在要去完成那些看似能提升自己能力的任务时，这种感觉会更强烈，甚至妨碍你顺利完成任务。

阅读完本书后，你会对自己有更深入的了解，并且会想明白一些过去困扰你的问题，还能从中获得一些方法，来支持和帮助自己。

目 录 ○○●

第一部分
爱自己是成为更好的自己的前提

第二部分
为什么有些人无法自信地活着

第三部分
重建自尊：开放、接纳、专注

第一部分

爱自己是成为更好的
自己的前提

"相信自己。"

这句话是我们在图书、电视节目、超级英雄漫画，以及神话传说中不断遇到的信息。我们被告知，如果我们相信自己，我们可以完成任何事情。

当然，我们知道那是不真实的，我们不能仅通过信念来完成世界上的所有事情——如果那是真实的，那么会有更多的孩子在天空中翱翔！

然而，我们也知道，相信自己并接受自己本来的样子是自我实现、获得良好人际关系和幸福生活的核心，而恰当的自尊在帮助我们过上幸福的生活方面起着重要作用。这两者的结合会让我们相信自己的能力和执行力，最终在我们以积极的态度努力成为"更好的自己"时获得成就感。

第一章

我们天生渴望成为
更好的自己

"追求"是一种本能

"更好的自己"包含了我们对于理想自我形象的一种期待。同时，也包含了我们作为人类的一种渴望发展和成长的天性。换言之，对于现状的不满意，驱动我们想让它变得更好，这种愿望是人类生存、繁衍、发展的动力。

从这个意义上说，我们都渴望成为"更好的自己"，无论我们是为一份新的工作、一段更有意义的关系，还是为个人的成长而努力，我们都在积极地追求成为"更好的自己"。

事实上，神经科学表明，追求"更好、更多"的行为本身才是获得满足的关键，而不是我们渴望实现的那些目标。

神经科学家雅克·潘克赛普（Jaak Panksepp）认为，在人类大脑的七个核心本能中：狂怒 / 愤怒（rage/anger）、恐惧

（fear）、恐慌 / 悲伤（panic/sadness）、关怀（care）、欲望（lust）、游戏（play）和追求（seeking），追求是最重要的本能。

潘克赛普说，所有哺乳动物都有这种追求系统，这主要是多巴胺的功劳。作为我们越来越熟悉的、一种与奖励和快乐有关的神经递质，多巴胺参与了我们的追求活动。这意味着，我们在探索周围环境和寻求新的生存信息时会得到奖励，如感到快乐和满足。

在《情感神经科学》（*Affective Neuroscience*）一书中，潘克赛普认为，人们不是被任何其他奖励所驱动，而是被追求本身所激励。

潘克赛普强调，那些我们所追求的目标本身，如赢得大奖、创业成功，实际上不会给我们带来长久的幸福感，恰恰是我们在追求这些目标的过程中所付出的努力，给我们带来了更持久的满足感。

这也意味着，无论从活下来还是活得满意的角度来看，我们生来渴望并追求成为"更好的自己"，这种追求本身很可能就是最重要的人生目的。

"更好"建立在"好"的基础上

有些人在追求成为"更好的自己"的过程中是快乐而自在的，如前文所说，他们从努力的过程中获得了持久的满足感，伴随满足感而来的自我成就感为他们提供了源源不断的动力，即使过程中遇到挫折或失败，他们也能从容接受，甚至越挫越勇。

另外一些人却在自我实现之路上疲惫不堪地艰难跋涉，他们在追求"更好的自己"的道路上呈现出另一种状态。追求"更好的自己"似乎是为了摆脱"我不够好"，甚至是"我很糟糕""我很可耻"的标签。

这些人咬紧牙关、死拼硬扛，仿佛只有成功实现目标，才能证明自己的存在是有价值的，稍有不慎，例如，当事情做得不够完美时，他们的自尊就好像随时要坠入深渊。

事实上，如果我们对自己非常不满意，就会妨碍我们去完善自己，因为对自己非常不满意味着我们无法跟此刻、真实的自己建立联结，无法从接纳自己、信任自己的体验中生发出渴望成长的动力和心理资源。

例如，领导交代给你一项任务，你认为这是一个特别好的机会，你很希望顺利完成任务、向领导证明自己的才干。但由于你担心自己可能做不好、甚至可能会搞砸，那么，你很可能会持续陷入自我怀疑的"内耗"中，难以集中注意力思考任务本身。你会不断拖延，接下来的每个行动，都会有无数个内在的声音在说"这太差劲了"，你不得不频频推翻自己的创意，重新再来。

最后，你疲惫不堪，忍不住怀疑领导是否在为难你……

最终结果可能是，即使项目完成得不错，你也只是松了口气，庆幸自己可算是完成了。你在这个过程中一点也不快乐，唯有"劫后余生"的倦怠。

没有内在"好"的地基，很多表面上努力抓取的"更好"不是为了真正去创造，仅仅是在避免受伤和失败。

当真实与"更好"产生割裂

根据约翰·鲍比（John Bowlby）和唐纳德·温尼科特（Donald Winnicott）等心理学家的说法，孩子们非常了解父母的感受和需求。他们很清楚自己需要得到父母的认可才能生存，因此会努力并尽可能地满足父母的需求。

如果父母只关注自己的需求，而忽视了孩子的感受，孩子的"真自体"（true self）——真实感受、需求、欲望和想法——会被越来越深地隐藏起来，就像被包裹进了洋葱里（当然，在洋葱的内核里，仍然保留着所有这些自发的感受、需求、欲望和想法），在更多时候，具有适应性功能的"假自体"（false self）占据了主导地位。

努力寻求父母认可而采取适当行为的模式在我们还是孩子的时候是必要的。我们在童年时期发展出来的与"假自体"紧紧相连的思想和行为模式在成年后会一直伴随着我们。虽然它们过去很有帮助，但随着年龄的增长，在我们需要成长、需要获得更多的独立性时，过去的部分行为模式有可能会成为障碍。

如果假自体能与真自体整合起来，建立健康的合作关系，那么，假自体能帮助我们发展各种功能，允许我们通过主动的努力过上幸福满意的生活，并且它还保护着真自体（真实的自己），确保我们可以在那些让我们感到安全、可信赖的关系里展露更多，体验亲密。

在日常生活中，让真实的自己完全做主可能对我们是有害的。例如，我们一般不会在工作场合表露最真实的感受和想法，这种自我暴露很可能意味着我们缺乏必要的界限感，而且还可能使我们容易受到其他人的潜在攻击，因为他们可能不会接受我们的感受。

因此，健康的"假自体"也叫作"适应性自体"，它可以在我们脆弱甚至遭遇危险的时候保护自己。相反，不健康的"假自体"是指我们强迫自己服从外部世界的规则，而不是因渴望融入群体及获得归属感而去适应社会。

当我们错误地把"假自体／适应性自体"和"真自体"完全割裂开来，并且以为"适应性自体"代表了"更好的自己"时，就会造成一种普遍困境，那就是："我应该"和"我必须"的信念凌驾于"我想要"和"我愿意"之上。

如果"更好"比"真实"重要，自尊的城堡就缺少了地基，因为不管你获得了多少现实的成就，只要这些不与你的真实感受和欲望联系在一起，它们就很难为你带来充实感，甚至会使你越"努力"越焦虑。

追求"更好"的原动力在哪儿

斯坦福大学的企业管理教授吉姆·柯林斯（Jim Collins）曾在《基业长青》（*Built To Last: Successful Habits of Visionary Companies*）一书中写道："追求进步的驱动力源自人类的一种深沉的冲动，一种探索、创造、发现、成功、改变和改善的冲动。追求进步的驱动力不是枯燥的理性认识，而是深入内心、具强迫性、几乎与生俱来的原动力。"

既然我们天生拥有学习与成长的原动力，为什么追求成为"更好的自己"的过程却令一些人不堪重负呢？到底是什么夺走了他们本应在自我成长中获得的乐趣？

心理学中有个理论叫"自我决定理论"，它认为人类天生拥有独立、自主、寻求归属感的内在动机。当此动机被满足时，我们就能感受到更多的成就感，生活得更充实。

举个例子，明浩十分爱读书。父母发现了这一点，并认为读书是个好习惯，想鼓励他继续这个爱好。于是，每当明浩阅读了 30 分钟时，他们就会给他一些零花钱作为奖励，并且夸他是个"好孩子"。根据自我决定理论，来自父母的外在良好意愿可能会强化明浩的阅读行为，但实际上削弱了他的阅读愿望。

为什么呢？因为当父母的愿望超过了明浩自己的愿望时，明浩心里可能会产生疑惑：爱读书这件事到底是出于自己的意愿，还是由于父母的金钱奖励和他们的期待。

虽然明浩本可以在父母的金钱奖励下继续阅读，但他不会感到自由。因为在这种情况下，他的自主需要没有得到满足，父母忽视了他原本就喜欢读书且会自发读书这一事实，他们企图用自己的力量"改造"他。这使明浩的自主需要受到了抑制。而一个人的自主需要被尊重是他 / 她的"真实的渴望"（真自体）获得发展的前提，只有自主需要得到满足，他 / 她才会拥有"我是真实存在的"这种感觉。

假如某天明浩因为疲惫没有读书，不仅没有得到父母的奖励，还被批评和质疑了，他可能会体验到，仅仅是自然而然地爱读书还不足够，还不能得到来自父母（外在重要他人）的认可和赞赏，他需要更努力，需要变得"更好"。

慢慢地，明浩内在的爱读书的"真实渴望"逐渐失去了活力与生命力，取而代之的则是尽可能按照父母的愿望去塑造和强化自己的行为，以此保证和巩固父母对自己的"好"评价和爱，同时，他会感到紧张和压力，感到真实的自己一点一点被封锁起来。

按照自我决定理论的观点，在特定条件下，正向的反馈可以增强一个人的自信，并帮助他/她产生更强烈的内在动机。然而，仅有正向的反馈还不够。这种正向反馈还必须让人感到是纯粹的（而非控制的），并且，它绝不能取代我们作为一个人的自主感（真实的渴望）。这种自主感和一个人的内在价值感有着紧密的联系。

让我们再回到明浩的故事。如果明浩的父母仅仅是因为他对阅读感兴趣而表达对他的欣赏，并且他感到这种欣赏是纯粹的、非控制的，他就会形成一种内在自信。

"纯粹"之所以重要，是因为它令明浩相信，他得到了来自父母的关注、认可和情感支持，而且，父母的欣赏是以保持他个体自主性的方式来呈现的（如你是一个很会阅读的孩子），而不是让他感受到了条件性夸奖的控制（如你是一个很会阅读的孩子，像我们希望你成为的那样）。从某种意义上讲，明浩得到的欣赏是无条件的，它并不会引发明浩的恐惧：如果他明天不读书，就得不到父母的欣赏了。

这种"无条件"的关爱，让一个人体验到与他人的情感联结，这种体验能够培养人们的内在渴望及内在动机。

换句话说，在自我成长的过程中，追求"更好"如果引发了我们强烈的焦虑感，就难以转化为动力。"真实"和"更好"这两个维度需要统一、整合起来，真实本身就是好的，并不需要区分好坏，只有真实的渴望、与生俱来的天性被允许进入成年人的世界，我们才能够激活原动力，让主动学习、成长、创造更美好世界的动力绽放于世。

在成为"更好的自己"的道路上，我们同时也在做"真实的自己"，我们对自己的表扬、赞赏和认可是纯粹的、整合的。简单来说，我们爱真实的自己，也爱追求成为"更好的自己"的过程。

第二章

如果一个人无法爱自己，
努力将事倍功半

当被糟糕的感受淹没时，不要急于行动

一个人爱自己，欣赏自己，才会愿意做自己。

做真实的自己，就要听从自己内心的声音（内在动机），从而生发出成长的原动力。

假如一个人没办法爱自己，或者更准确地说，没办法爱完整的自己——真实的自己和"更好的自己"仿佛永远处于矛盾的两端，完全不一致。这意味着，他／她的内在总是认为"真实的自己＝糟糕的自己"，"更好的自己＝无法实现的自己"。那么，他／她很难通过努力获得恰当的自尊，或者说，他／她的努力常常"事倍功半"。

如前文所述，我们生来就渴望成为"更好的自己"。这种渴望首先包含对现在的自己满意，其次包含对现在的自己

不满意，这两者之间的张力，构成了我们的动力。然而，当我们对自己非常不满意时，也就是自我价值感过低时，我们就很容易被糟糕的感受淹没。这时，我们往往发现自己处在一个非常糟糕的状态里，我们首先要处理的不再是成为"更好的自己"，而是我们当下的这种糟糕状态——低自尊。因为此刻的我们，已经被不满意的巨浪淹没，如果不能摆脱这种状态，我们很难发展出"游向彼岸"的能力。

其实，在情绪里挣扎的体验，和学习游泳很相似。一个人要想学会游泳，就要与水相处。如果他／她只是更多地体验到："我很害怕，我快要被淹死了"，那将永远被这样的恐惧支配，无法学会游泳。

一个具有良好自尊的人，同样会有自我怀疑的时候，但他／她清楚地知道自己可以有多种情绪状态，某件事做不好不代表他／她没有价值，而一个自尊较脆弱的人或不知道怎么管理情绪的人，可能会在遭受挫折的时候更多地描述"我很难受""我受不了了""我好烦，有没有什么东西能让我不烦"，这说明，他／她的情绪已经强烈到使其被淹没其中。当一个人处于这样的状态时，他／她的焦虑水平会非常高，就

17

像热锅上的蚂蚁一样，停不下来。

在这样的内在状态下，他 / 她可能会通过行动让自己快速从情绪中抽离，如学习、背单词、写报告、刷题，似乎所有的外在行动都是在积极地帮助他 / 她成为"更好的自己"。但实际上，他 / 她的内在状态和这些行为之间是断裂的。他 / 她的内在状态处在非常高的焦虑和压力的挟持下，他 / 她希望通过一些行动来驱散、转移和缓解这种剧烈的痛苦感和焦虑感，进而消除对自身的厌恶感。但这些行为本身并不能达到提升自我满意度的目的，缓解情绪的效果一般也不会理想。

这种高度的焦虑和极度的内外不协调，会大大影响一个人的认知功能，使其难以学到新的知识。

在我们的认知功能中，有一项非常核心的能力叫作工作记忆（working memory），它是各种高级认知活动（如语言、决策、问题解决等）必需的操作空间。我们学习语言、做出重大决定、解决各种问题，都需要使用工作记忆来完成。许多研究表明，当我们面临过于强烈的压力时，我们的认知功能会受损，认知的灵活性可能会急剧下降，记忆提取也十分困难，甚至会妨碍记忆的生成，因为我们调用了大量的内在资源处理所面临的巨大压力。

这就是为什么当我们对自己非常不满意（自我感受糟糕）时，我们越努力，越无法实现目标。

我想到我的一位老师曾说过的一句话：你要慢慢地去体验和到达一种不抱任何期待的追求和没有任何所求的努力。其实，这是一种很微妙的状态，就像我们都知道，不管做什么运动，教练在一开始时都会训练我们增强核心躯干的力量。核心躯干的力量越稳定，我们的四肢就越能做那些跑跳、拉伸、旋转等复杂的组合动作。心理层面也是如此：我们的内在越稳定，我们的外在行为就越能实现更多可能性。

对自己不满意的情绪在很多时候妨碍了我们欣赏、认可、同情自己，也就是爱自己。这使得我们很容易产生糟糕的感受，并企图通过行动来证明自己，而这又常常使我们更慌乱、难以集中注意力，导致内耗和沮丧，事倍功半。因此，在被糟糕的感受淹没时，不要急于行动。越是在你缺乏信心的领域，你越要给予自己耐心、认可和宽恕。

作为平凡人，我们不可能是完美的，所以生活中的痛苦和失败是再正常不过的事情。正如心理学家克里斯廷·内夫（Kristin Neff）所说："它们既不能定义我们是谁，也不能确定我们有什么样的价值。"

你有低自尊的特点吗

拥有健康自尊的人对自己通常充满信心，即使面对失败，也不会长时间陷入气馁和沮丧的状态，他们不会因为自己某件事做不好而全盘否定自己，而是会寻求其他途径继续向前。而低自尊的人则容易体验到这样的感受：我不行、我太差了、我不配等，假如你发现自己很容易体会到上述感觉，那么你需要观察和检测一下自己的自尊水平。

低自尊者有哪些共同特点呢？

第一，自我压抑和自我怀疑。

他们心里有很多好奇和疑问，"为什么这个人会说这样的话""为什么那个人那样回应我"，但羞于启齿或不敢表达。他们担心"我这样问是不是不太好""我那样说会不会让对方生气"之类的问题，他们准备好了一堆条条框框约束自己，总是向外寻找"标准答案"：在这里，我能做什么，不能做什么。他们的雷达永远在探测什么是对的，什么是错的。他们心里可能有很多奇妙的主意，但因害怕犯错，招来批评和质疑，因此他们按兵不动，保持沉默，尽管他们的想法可能是非常有价值的，但旁人只是觉得这类人很安静，不知道他们在想什么。

第二，自我价值感忽高忽低，很难稳定在恰当的范围。

例如，你今天早上去公司坐电梯时遇到领导，他／她向你微笑点头，你顿时感到一阵激动，认为领导对你笑是因为你的工作做得不错，因此你在接下来的两个小时里干劲儿十足。下午，你向领导和同事提交一份报告，领导当众提出一个疑问，"你可不可以再讲一讲，你这样设计的考虑是什么？"你心里一慌，"完了完了！领导肯定是不喜欢我这个想法，不满意，所以才提出质疑……"你的感受跌入谷底。报告会结束后，你开始在脑海里细细回想会议上的每个细节，领导的每个表情，讲话时的声调，来确认自己是不是再也得不到被重用的机会，你甚至还会失眠，一会儿觉得自己怀才不遇，一会儿觉得自己是个笨蛋、可怜虫。这就是自我价值感忽高忽低的表现。

第三，觉得自己的某些特质（喜好、愿望等）是应该被隐藏的。

低自尊者并非在现实生活中真的发展得不好，他们很可能从小就是三好学生，考上了名牌大学，工作后也是公司里的佼佼者，常常受到领导重用，是在各方面都做得很好的优秀人才。但他们内心始终觉得所做的事情都是为了满足父母、老师、领导、伴侣、孩子等人的期待。虽然他们可能获得了很多成就，但他们心里总是会感到愤怒，总感觉自己的一些愿望是不被允许、不被承认或理解的。例如，这类人可能不会告诉别人他们喜欢打游戏，但他们会偷偷打游戏。他们会觉得打游戏是不上进的表现，而自己的那些"上不了台面的"快乐很庸俗，好像不符合他们的身份，但是他们又真的会从打游戏中获得快乐。所以他们内在的冲突非常大，虽然他们做了很多符合社会主流价值观的事，但他们内心会觉得真实的自己（一些非常个人化、隐秘的快乐）是拿不出手的，他们会非常羞于表达真实的自己。

第四，难以拒绝和设定界限。

他们会对"不努力"这件事有一种超乎寻常的恐惧和担忧。例如，即使是休假，他们也无法不回复邮件。他们可能会觉得因为休假就不处理工作是给同事添了很大的麻烦，并因此感到内疚。同时，他们心里又会有些委屈，也会觉得在休假时处理工作很辛苦。

这种心理状态通常包含两种成分。首先，他们心里有一种"不配感"，认为自己怎么可以完全得到满足？其次，他们不允许自己真的"停下来"休息，对他们来说，休息好像不是一个暂停，而是一种放纵和堕落。

他们对于自我照顾有一种内疚感和羞耻感，觉得自己不应该得到满足、也不可以肆意高兴。他们这么累，又不能让自己全然地放松和休息，反而像陀螺一样不停地旋转，最后他们很有可能会突然精神崩溃，或生一场大病，不得不停下来。

第五，总担心生活会"失控"。

"生年不满百，常怀千岁忧"可能就是他们的某种写照。

即使他们在现实中发展得不错，也会有隐隐的担忧，觉得自己不能有一丝一毫的差错，需要小心防范，时刻不能松懈。他们很担心如果在某件小事上做得不好，就暴露了自己的愚蠢或糟糕状态，为了避免"失败"，他们甚至会"什么都不做"，或者毁掉近在咫尺的成功机会，因为成功会让他们更加担心下一次失败。

当被表扬时，他们也会感到开心，但开心的感觉通常转瞬即逝，随后他们就会陷入下一次忧虑中："我该怎么办，他们又没有看到真实的、很丑陋的自己，我又一次蒙混过关了"。他们在被表扬时并没有觉得自己做得好，只是觉得自己蒙混过关了，并且认为别人并不是真的欣赏他们，只是没有看到他们一些见不得光的、很糟糕的部分。有一个词叫作"冒名顶替综合征"（imposter syndrome）就是在形容这一类人，他们得到的客观评价往往很优秀，但他们心里始终觉得"你搞错了，你只是没有看到我的真面目"。

这类人很难从成功中获得滋养和愉悦感，并因此获得更大的动力。

第六，有一种"幸福焦虑感"。

当他们获得幸福时，他们内心中"好景不长"的潜在信念会被唤起。这种信念的背后是他们不相信自己有应对生活中各种突发状况的能力。即便发生了一些能让他们确认"我值得"的时刻，他们也常常感到不知所措，或者将其归因于运气，而当他们面临困境时，他们却将问题归咎于自己。

有"幸福焦虑感"的人比普通人更容易感到"我不能"或"我不行"，这通常源于这类人在成长过程中频繁听到父母对他们说"你不能""你不行"，从而使他们在心里把这些声音（可能是带有偏见且非现实的）当作个人信念，来限制他们获得幸福的尝试和行动。

如果你感到自己有以上特征，说明你很有可能正在面临低自尊的困扰，并且这已经影响了你日常生活的方方面面，让你难以享受现在的生活。

在成为"更好的自己"之前，或许，你应该去探索，如何建立"我足够好"的地基，以及你需要从哪些方面入手？

"我足够好"背后的心理模型

　　低自尊的人并非他们想象中那么糟糕和失败，他们与常人没有太大差别，他们欠缺的仅仅是一些内在自我价值感。困难也恰恰在于自我价值感的建立和修复。从"我不配"到"我足够好"，这个过程包含着一条蜿蜒曲折的向外求索和向内求索并行不悖的心灵之路。

　　你可能会好奇，认为"我足够好"的人有哪些表现？这不是一个有唯一答案的问题，但我们可以探索一下他们的普遍特点。

　　第一，"好"与"坏"的整合。

　　这类人能够整合对自己好的感受和坏的感受，如前文所述，他们有时会觉得自己特别好、特别棒，而有时也会感到

"我今天状态不太好，不是很想学习，就想躺在床上"，但他们的这两种状态是可以并存的。当他们觉得自己状态特别好的时候，他们不会忘记自己也有心情低落的时候。在低落消沉的时候，他们也总是能够自我安慰，"我耐心等待一段时间，休息一会儿，我的情绪能量自然就会恢复"，他们允许自己倦怠，会在感到累的时候让自己休息。他们会有这样一种信念：无论自己的成就或能力如何，自己都值得被爱和尊重。因此，他们愿意耐心等待自己的状态慢慢变好，也知道怎样自我关爱。

第二，"满足社会期待"与"自我认同"的整合。

当这类人朝向重要他人或社会主流价值观期待的方向努力时，他们同时也能够感到自己的愿望被满足。他们并不会觉得自己做的事仅仅是为了讨好他人，也不会为了回避冲突而放弃"做自己"。他们能够体验和意识到，他们做的事情既包含自己渴望得到的部分，也包含满足社会期待的部分，他们能够把自己内在的愿望和外界对他们的期待结合起来，而非将顺从他人和满足自己完全割裂开。他们能够区分哪些个性和愿望是自己的，哪些是为了保护自己而采取的伪装。他们既能够从自己的内在获取动力和资源，也能够从重要他人或外部环境中获得支持。

第三，享受自己的成功。

当这类人获得了一些荣誉时，能够相对坦然和自在地接受其他人对自己的祝贺、羡慕和表扬，而非感到不舒服或焦虑。同样是穿了一件新衣服被同事夸赞好看，低自尊者的第一反应可能是"没有、没有"，即刻想要否认这种好的感觉。然而，觉得"我足够好"的人，往往在被赞美时会很开心，他们可能会说"谢谢你，我也觉得很好看"。他们允许自己快乐，能够以一种欢迎的姿态拥抱好的体验，这使他们能够从好的自我状态中获得能量。同时，他们内心清楚地知道自己也有大家没那么了解的部分，但他们不会觉得这些是见不得人的秘密，也不会因此有强烈的羞耻感。

第四，允许失败，敢于探索。

这类人敢于探索和尝试，对于新鲜事物，愿意冒险、尝试。当然，这种冒险建立在审慎评估和有适当心理准备的基础之上，这类人冒险但不鲁莽，而且很有创造力，总是会有很多奇思妙想。他们敢说、敢想、敢做，也能够从尝试中积累经验。面对多次尝试可能导致的失败、挫折、困难或突发状况，他们能很快从这些意外状况或不顺遂的情况中脱离出来，总结经验，汲取教训，然后重新出发。

如果一个人具有上述特点，换言之，如果一个人能够有一些对自我确定的、基本良好的感觉，那么他／她的内耗就会比较少。需要注意的是，当你开始觉得"我足够好"时，这并不意味着没有内耗，因为我们想成为"更好的自己"，过程一定会很辛苦，这可能意味着你为了上国外的远程课而作息颠倒，意味着别人在看电影或打游戏的时候，你需要多花一些时间去学习。但辛苦的同时，你又会感到自己的付出是值得的，虽然辛苦，但很快乐。

我们都想成为"更好的自己"，但在努力前，你需要区分自己正在哪条赛道上努力，是在"我越做越开心，我越开心越想做"这条赛道上努力，还是在"我不开心，但我必须得做，我希望做了以后能让我的'不好'消失"这条赛道上努力。

如果你正处在第二条赛道，你很可能已经从自己的体验里得出这样的答案："这条路是行不通的""不管我怎么努力，我都无法让自己感觉好"。此时，你不妨放慢脚步，先想一想：你是如何成为现在的自己的？

第二部分

为什么有些人无法
自信地活着

如果你从照顾者那里得到了无条件的爱，有过关注、认可、情感支持等基本需求的满足，如果爱你的人同时也尊重你的界限，那么，这些都可以帮助你获得自信，并且让你在内心世界形成安全感、让你相信自己的体验。

　　相反，如果你在早年的成长过程里，不幸经历了被忽视和不被尊重的关系，没能得到亲人的情感支持，或者只有在特定条件下才能得到爱和赞赏，你就很容易在人际关系里感到不安全，缺乏追求目标或梦想的动力，不自觉地回避更大的挑战，不敢为自己辩护和发声，更羞于向外界求助。

　　在第二部分，我想和你一起回顾：过往的经历如何影响了我们的自我价值感和自尊，毕竟，了解自己是做出改变的第一步。

第三章

童年创伤 | 经历
怎样使你害怕成长

了解你的人生脚本

很多心理学流派都认同这样一个观点：一个人的童年经历会影响他／她的第一个"人生脚本"。

尤其是那些让人感到强烈痛苦的经历，如心爱的玩具被妈妈送给了弟弟妹妹，这些经历在成年人看来也许微不足道，但会让一个孩子很难接受。而这些令人印象深刻的体验都将被刻录到他们记忆的最深处，成为他们的"人生脚本"中无法磨灭的桥段。

在心理学中，我们将这样的"人生脚本"称为"内隐记忆"或"程序记忆"。

"人生脚本"就好比计算机的"底层代码"，不易被察觉，但会一直存在。

"程序记忆"会重复出现在我们的人际关系中——在不知不觉中影响我们待人接物的方式,甚至在一些重要关头左右我们人生的走向。

金庸在《雪山飞狐》中写苗人凤每次舞剑时都会先耸背。这是因为苗人凤在少年练剑时被虫子叮咬,但不敢伸手挠而留下的习惯,这背后的成因来自他对父亲责打的恐惧记忆。这种"程序记忆"一旦形成,就会在人们之后的生活中不断重复并得到巩固,成为自动化的反应模式。

接下来,我会与你分享一些故事,这些主人公在过往的经历中形成了不同的"人生脚本"。在阅读过程中,你不妨思考一下你的"人生脚本"是什么?

不敢犯错的孩子失去了好奇心

爱因斯坦曾说过：我没有特别的天赋，只是有一颗狂热的好奇心而已。这并不是伟人的谦虚，而是太多人低估了好奇心的价值。

准确地说，好奇心并不是一种性格特质，而是一种能力，有一个更专业的说法称之为：认知需求。相比于毅力、乐观等品质，保持旺盛的认知需求才是获得成长的最大驱动力。

英国作家伊恩·莱斯利（Ian Leslie）在《好奇心》（*The Desire to Know and Why Your Future Depends on It*）一书中详细叙述了人类学者对黑猩猩的研究过程。他们发现，尽管天才黑猩猩坎吉能够熟练掌握两百多个单词，拥有人类两岁半儿童的语言能力，但它对周围和自身却没有好奇心。这里必须强调的是，我所说的"好奇心"，并不是指像猫咪那样对陌生事物的简单"好奇"，而是指有着更高认知需求的、对"为什么""怎么会""我是谁"等问题进行探索的"好奇"，而这恰恰是人类所独有的。

相信很多人都有这样的印象：3～6岁的儿童对新鲜事物充满了好奇，喜欢摆弄和摸索，甚至忍不住兴奋地大喊大叫、手舞足蹈。这是这一年龄段儿童的特点。然而，我们也会发现，随着年龄的增长，一些人依然保留着对自己和对世界的好奇心，另一些人却不再愿意探索新事物，变得越来越谨慎，甚至胆怯、退缩。如果你仔细观察就会发现，这些人在遭遇了一些挫折或不尽如人意的尝试后，就会选择放弃，虽然他们并不喜欢这样的自己，但却无法鼓起面对挑战的勇气。

案例 ｜ 约翰

约翰第一次进入咨询室的时候，看起来异常拘谨和紧张。他不时用眼神望向我，像在等待我的指示或者对他"发号施令"。

约翰希望通过心理咨询帮助他开始一段真正的亲密关系，在过去的 30 几年里，他从来没有进入过一段恋爱关系。在我们的会谈中，他不断地重复"我不知道说什么了"。

假如我对他讲述的任何细节感到好奇并试图确认，他会立刻变得警惕起来：

"其他人难道不是这样吗？"

我感到前所未有的压力，哪怕是最温和的好奇或确认都让约翰觉得我在"批评、指责、审判"他，他认定这是因为他"犯了错"，否则我不会对他感兴趣。

我开始好奇童年时的约翰生活在一个怎样苛刻、严厉的环境里。

有一次，约翰进入咨询室后看起来异常焦虑，我忍不住问他发生了什么。他沉默了一会儿告诉我，在使用洗手间的过程中，他不小心撞到了粘贴在墙壁上的纸巾架，他惊恐地发现他粘贴不回去了。他看起来很无力，不断道歉，仿佛他是一个等待审判的坏蛋。我告诉约翰，那个架子已经掉了好几次了，可能是因为我粘贴它的时候用的胶水不够牢固。不过我已经买了另外一种强力胶，刚好可以用上。

他惊讶地注视着我，沉默着，好像有话想说，还有些泪意。

"老师，刚才我非常害怕，我本来很犹豫要不要告诉你是我干的坏事……可是你看起来完全不介意，甚至很轻松，就好像这是一件小得不能再小的事。这让我觉得自己很傻，可是我又觉得很感动，甚至很难过。

……我想到小时候家人对我特别严格，这个不行，那个不可以，但我偏偏看见什么都想摸一摸、试一试。因此没少被骂。在我五六岁的时候，某天我正好在抽屉里翻到我爸单位发给他的一个奖品，是一支名贵的钢笔。可能他舍不得用，就藏在抽屉里。我觉得好玩儿，就拿出来捣鼓，结果没拿稳，钢笔掉在地上摔坏了。正好撞上我爸下班回家，他像疯了一样打我，还大声骂我。我现在想起来都很害怕。

……可是我爸也几乎帮我做出了我人生中所有的重大决定，考什么大学，读什么专业，做什么工作，等等……大多数时候，只要我不犯错，按照他的规划去做，他都很好说话……"

约翰低着头沉默了好一会儿，他用手揉着眼睛并尽可能让自己的头偏向另一侧，好让我不要注意到他的眼泪。

这次会面后，我感到约翰似乎自在了一点，他可以坦白更多自己的担心和害怕。谈话时，他会愿意和我有目光交流，偶尔还会流露出一丝腼腆的笑容。

我们开始意识到他迟迟无法进入亲密关系的一个重要原因：他在约会时太焦虑了，总是担心自己哪里出错，又不敢问任何问题来了解对方，怕被认为是一个没有礼貌的人。

当有女孩表现出对他感兴趣，询问他的职业或爱好时，约翰又总感到被质疑、被评价，或者担心对方觉得自己不够好，从而干脆习惯性地选择回避和推开对方。

关系常常因此戛然而止。

是的，我们在孩童时代总是会惹麻烦，让人头疼，尤其是当我们感到好奇时，总是忍不住问一些问题（或做些尝试）。

"为什么只能吃一个冰淇淋？"

"为什么下雨就不能去露营？"

"为什么爸爸和妈妈不一样？"

"为什么……"

特别是当父母希望孩子去完成一些事情，却立刻被各种"为什么"包围时，这很难不让人恼火。但是，如果父母能够接纳这种烦恼，同时多给孩子提供一点安全感，孩子就会开始自己探索世界，他们会用各种各样的方式去尝试，并逐渐掌握生存技能。

而曾经的约翰，那些新奇的玩意儿让他忍不住想要拆开看一看。可是爸爸的怒骂和责打让约翰感到害怕，仿佛自己的好奇心和探索欲意味着闯祸和随之而来的惩罚，会让"一向好说话"的爸爸失望、暴怒，甚至抛弃自己。或许就是在这一刻，在约翰的"人生脚本"里，写下了这样的"程序记忆"：好奇心等于犯错，听话等于安全。

这种"程序记忆"使约翰的内在自我探索停滞了。此后，约翰可能不再失败，也不再闯祸，因为他已经不再尝试了。

这一切带来的影响，不只体现在约翰的亲密关系上，也同样体现在他的职业发展上，多年来，约翰错过了无数次被提拔的机会。无论他多么想对现状做出改进，或者渴望更具开拓性的工作，他始终无法迈出这一步，甚至无法表达自己对挑战性工作的渴望，因为他太害怕出错，太害怕受到责罚，甚至害怕让领导失望。于是，他总是在更具挑战性的项目面前退缩，在更需要带领团队前进时放弃，而这又让他对自己感到更加失望。就这样，他在"自我设限"和对自己无尽的"失望"之间来回踌躇，精力和信心逐渐被消磨殆尽。

精神分析学家比昂（Bion）将人的情感分为两种：（1）α 元素，是指让人能够接受、耐受的情感，α 元素的特点是我们可以去理解，将其表达出来，或者通过自我调节消化它；（2）β 元素，是指让人受不了的、抓狂的情感，β 元素的特点是不能被思考和命名，但会在潜意识中影响人们，并具有很强大的能量和破坏性。

比昂将把 β 元素转化成 α 元素的能力称为"α 功能"，

这是一种非常重要的心智功能。

一个情绪功能（α功能）发展比较好的妈妈经常要做的事情就是给孩子的情绪命名，当一种情绪被命名后，它就从不可承受变成了可承受、可消化、可转化的情绪（α元素）。

而现实中的一些父母（养育者）会因为各种原因忽略孩子的感受，或因自身的α功能比较弱，在帮助孩子处理体验前自己先失控了。

就像约翰的爸爸，疲惫地工作了一天回到家里，发现自己心爱的纪念品被孩子摔坏了，很可能他还来不及觉察自己的情绪，一股无名火就起来了，然后，无意识地把自己未经分析和调节的、无法承受的强烈情感抛给孩子去承受。爸爸忽略了约翰正处于对各种事物好奇的年纪，他并不是故意调皮捣蛋，只是需要有人引导他学会正确的探索方式。

由于约翰无法消化爸爸的愤怒情绪，他感到自己"干了坏事"，仿佛爸爸在那一刻不爱他了，而失去父母的爱是让每个孩子都会感到恐惧的事情。如果总结一下，这一刻在约翰的"脚本"里记录的可能是：如果我犯错了，爸爸就不爱我了，爸爸不爱我的表现是他会生气，会打骂我；我不应该探索这些好玩儿的东西，要是我乖乖的什么也不碰，爸爸就不会生气，就会一直爱我，我就会一直是他心里的"好孩子"。

挣扎在天才与废物的边缘

　　每个人都有对自我的认同，这种认同代表了其具有稳定的性格特征。而有些人的自我认同被塑造成了"一脚天堂一脚地狱"的过山车模式，他们无法认定自己的价值，总是怀疑自己。即便在成功的时刻，他们也战战兢兢、如履薄冰，找不到自信的感觉。

案例 ｜ 小英

　　小英女士十分漂亮，身材姣好，在一所高校读博士。她说父母十分爱她，虽然总是干涉自己的生活，但总是出于爱。

　　高考之前，小英一直是父母的骄傲、邻居口中"别人家的孩子"。她聪明、懂事，门门功课拔尖儿，从来不让父母操心。直到她高考发挥失常，去了一所普通大学。父母对小英的态度一下子转变了，他们甚至对亲朋好友撒谎说小英是因为突发疾病才没考好。

小英很委屈，也很困惑。高考失利让她很沮丧，她渴望得到父母的安慰和拥抱。但父母似乎受到了比她强烈一万倍的打击。在小英去大学报道前，他们每天从早到晚长吁短叹，反复地问小英：

"你怎么就考砸了呢？！"

小英回答不出来，她也不知道自己怎么了。但在无数个失眠的夜里，她在心里暗暗发誓，一定要考上名校研究生，绝不能再让父母丢脸了。

四年以后，小英如愿以偿考取一所著名大学的研究生，后来又读了博士。但是，她再没有睡过一个安稳觉，再没有拥有过一个休息日。几乎所有时间她都待在实验室。实验室让她感到安全。只有在工作中，她才能感到自己是活着的。

实验室里的每个人都知道有位叫小英的同事，她既聪明又勤奋，堪比"永动机"。但小英总感到大家不喜欢自己，也不愿意和自己亲近。偶尔会有一两个跟小英熟悉的同事开玩笑说：

"英子，你有天分，还这么拼命，你这么优秀，让我们这些普通人可怎么办呢？"

小英很尴尬。她并不觉得自己优秀，但她隐隐感到每次自己说"我其实一点也不优秀"时，同事们总是很嫌弃自己，也有人当面说过她很"装"。

当天晚上小英又失眠了，迷迷糊糊中，她又回想起高考分数出来的那个下午，妈妈小声哭泣着，一向爱面子的爸爸一边抱怨妈妈没有照顾好小英，一边打电话不断确认是不是分数搞错了……小英像个被抛弃的孩子，无助地躲在房间里，不敢哭，也不敢问。没有人理解小英内心深层的恐惧：如果不能成为天才，她就不配活着。

小英从来没有为自己获得的成就开心过，每一次"战役"结束，她唯一关心的就是自己有没有被录取，论文有没有通过，项目有没有得奖，在她的字典里：失败意味着毁灭。

终于有一次，小英在得知自己申请的一个重要项目被拒绝时，当场惊恐发作，被送进了医院。

再然后，我在咨询室里见到了小英，她说的第一句话是：

"挺好的，我终于可以名正言顺地休息了。"

也许生活本就是跌宕起伏的，但人的内心不能没有中间状态，稳定的自我认同是支撑人们从低谷崛起的基石，是从高位跌落的缓冲带。

小英从小就生活在一个评价两极分裂的环境中：当她考取第一名时，父母会把她捧上天，仿佛她是世界上最棒的孩子，会得到所有的宠爱；而当她不是第一名时，父母就会变得无比冷漠，批评她不够努力，仿佛这样的她连父母的安慰和照顾都不配拥有，甚至成了全家的耻辱。

也许有些父母的教育理念受到过这样一句话的影响："严是爱、松是害"。有些父母下意识地把惩戒当作"严"，把爱的给予当作"毒药"。这样的教育方式，就会让本应该无条件的爱，变成了有条件的筹码，让爱的给予和收回，变成了随孩子的表现而剧烈起伏的过山车。就这样，这种"如果我不能成功就是废物"的模式被写入了小英的人生脚本中。

对这样的小英来说，只要懈怠，只要停步，就是"粉身碎骨"，于是小英们将一直奔跑，疲于奔命，永无止境。

孩子的自卑是对父母的忠诚

你很可能在生活里遇到过这样一类人，他们受过良好的教育，可能出身名校，有光鲜的职业经历，有体面的婚姻和家庭，如果有孩子，孩子也上着不错的学校，一家人出现在公众场所总是能收获各方羡慕。但是人到中年，突然间，他们开始迷茫，觉得人生没有了意义，仿佛自己所拥有的一切都是无意义的。有些人因此想离婚，有些人突然想转行，好像他们在变着法地"搞砸"自己的生活。有些人虽然没有将"迷茫"表现在行动上，但他们内心非常空虚、匮乏。

案例 ｜ 麦克

麦克第一次与我见面时，告诉我他没有任何问题，来尝试心理咨询仅仅是因为他爱学习，对各种新鲜事物有求知欲。我邀请他多说一些。

求学、择业、恋爱、结婚、生子，听起来一切水到渠成，心想事成。

"哦，"他突然停顿一下，"我忽然想到一个小小的困扰，也许你可以给我一些小建议：就是我在社交场合和人交谈时，虽然我都能对答如流，但我对社交没有什么特别的兴趣，就是说，我心里觉得社交还挺无聊的。我想知道有没有什么办法能让我喜欢上社交。"

"假如你喜欢上社交，能够带来一些什么样的变化呢？"我想了解麦克这样说的真正动机。

"我的工作需要我跟客户、同事建立良好的关系，良好的社交对我来说是必须的，如果我能喜欢上社交的话，我就能做得更好，也会更自然。我的一些同事就很爱跟人打交道，不像我，总有点儿小紧张。"

"能多说说你观察的那些'爱跟人打交道'的同事

们是怎样社交的吗？"我有些好奇。

麦克点了点头，"老师，你这个问题特别好。我真的观察过，我发现同事很容易就能跟客户找到共同的兴趣、爱好，周末他们还会约客户一起出去郊游，我就做不到这一点，我宁愿在家睡觉。可是，他们跟客户交往多，关系自然维护得比我好，我在家躺着也没法儿睡着，脑子里一直在琢磨这些事儿。"

第一次会面的时间到了，我邀请麦克下周同一时间继续讨论。他同意了。

很快下一周我们又见面了。

一开始，麦克就盯着我看，问我有没有想到好办法让他喜欢上社交。

我向他坦白，我暂时不知道有什么办法可以帮助他喜欢上社交，但是，或许我们可以先探索看看是什么妨碍了他喜欢社交。麦克同意了，然后他看着我，说：

"我们开始吧。"

熟悉的紧张感又来了。我感到得要努力把自己"支棱"起来，这不是一项轻松的任务，我感到自己似乎必须全力以赴，严阵以待。

尽管麦克可能会对我的非"目标导向"感到失望，但我仍然问出了这个问题：

"能不能跟我说说，在你从小到大的经历中，你喜欢做的一件事或任何兴趣爱好。"

麦克用目光对我的问题表示了困惑，但也许是不愿令人失望的性格让他认真思索了一下，并告诉我他从小到大没有特别喜欢的事情，如果一定有什么让他喜欢，那就是喜欢把每一件事都做到尽可能的完美。

我想了想，说：

"我在想，你希望找到办法让自己喜欢上社交，但实际上你就是不喜欢社交，为什么你要强迫自己喜欢一件你本来就不喜欢的事情呢。"

说出了这拗口又真实的感受，我胸口都松快了。

在一阵沉默之后，麦克讲了一件事：

"其实，你刚才问我从小到大，有没有喜欢的事情，我想到了一件事，看科幻小说。我大概五年级时迷上了科幻小说，天天看，我不仅看，我还写，我真的写了一部科幻小说。我父母觉得这是不务正业，看闲书是浪费时间，会影响学习。我跟他们保证，绝不会影响学习成绩。后来有一回，因为我模拟考试没有考好，我妈特别生气，开完家长会回来一周都没有跟我说话。就在那周，有一天回家我发现我爸偷偷登录我的电脑，把我辛辛苦苦写了近十万字的小说从电脑上全部删除了……"

讲完，麦克扶了扶眼镜，看着我："老师你肯定想不到吧，我其实不像我看起来这么无聊。"他还挤了挤眼睛，像是有点儿偷着乐。

我们总听人说父母的爱无私，却不知道孩子的爱可以"无我"。

当孩子发现自己的喜好和渴望，与父母的意愿相违背时，他们会不惜压抑自己的意愿，服从父母的期望。哪怕他们会在自己的喜好和渴望中寻找并建立自我，但没有什么能比获得父母的爱更重要了，于是他们在表达自我和迎合父母两者之间，选择隐藏真实的自己。

麦克就做了这样的选择，当父母的期望落空，如发现麦克的学习成绩下降了，就删掉他写的小说作为惩罚时，麦克选择放弃对自我的表达——对生活的喜爱和热情，而屈从于父母的安排。

麦克满足了父母的意愿，成了高级白领，拿着不错的年薪，找到了门当户对的女孩结婚。他进入了一个"使命必达"的游戏，但他并非玩家，而只是游戏角色，游戏的实际玩家是他的父母。

但潜藏在麦克内心深处的愤怒和怨恨，远不像这个游戏角色一样听话，这些被压抑的力量，让麦克喘不过气来，这些被压抑在无意识中的能量促使麦克试图通过叛逆（如不按照父母的意愿发展）来抗争。越接近游戏"通关"，这股能量就越强大，因为游戏越成功，麦克就越感觉不到自己的存在。

人的存在感建立在自身的独特性之上。这种独特性，既是一种能力，也包含了在使用能力时自然流露的气质。一个人只有基于自身的独特性去展开生活并发展自我，并且因此体验到被爱，才能感到自己的价值感。

简单来说，每个人都希望得到"因为我是我，所以人们爱我"这样的爱。

而麦克的父母，并没有给予他这样的爱，他们付出的是"因为你听我的，所以我爱你"的情感，这种情感建立在严格按照设定剧情发展的剧本之中，麦克成了"完美"的游戏角色，而这种吞噬了麦克真实意愿和渴望的"完美"，势必如镜花水月一般，会随时消散。

儿时的记忆告诉麦克，属于自己的喜爱和热情是危险的。一旦开始喜爱，就要开始"摧毁"，要么摧毁对父母的爱，要么摧毁对自己的爱。而对一个孩子来说，摧毁对父母的爱，就相当于摧毁自己。麦克几乎没有悬念地选择了摧毁自己的喜爱，而这让他终有一日，还是会走上摧毁"父母的游戏"这条道路。

麦克走上了一条莫比乌斯环，在这里所建立的一切都是虚假的，只有"摧毁"才是唯一的结果，因为麦克已经找不到那个建立自我的起点。

别"翘尾巴"，会"翘辫子"

我们过去的成功体验，共同建造了属于我们的"个人历史博物馆"。你每一次打开这个博物馆，都会看到里面保存着你曾有过的信念。它让我们记得，我们被爱意滋养过、被相信过，我们因为相信自己而成功过，我们相信努力付出是有回报的，相信一次次的准备和练习是会带来变化的，我们有做成一件事的经验，享受过辛勤耕耘带来的满足，我们有能量再一次出发。

但有些人，他们不敢为自己的成功喝彩，也无法因成功的经历变得更自信，仿佛"我是不行的"已经成为他们永久的人格标签。

案例 | 缇娜

缇娜又开始重复讲述与同事之间的各种冲突，她认为同事不喜欢她，也不信任她，总是质疑她的工作，又埋怨她拖延，可每次她都是那个承担了最多、最辛苦、最委屈、最不讨好的角色。神奇的是，每次项目到最后都很成功，合作伙伴们都很开心，但好像从没有人夸赞缇娜或看到她的功劳。

缇娜总是在讲完后用小鹿一样的眼神注视着我：

"我该怎么办呢？"

这种时刻总让我陷入两难境地：缇娜的痛苦是显而易见的，假如不提供任何建议给她，仿佛我是个袖手旁观的看客，太冷漠了；但一旦我提出一个建议，有时仅仅是尝试设想一种可能性，她马上就会列出一大堆"不可能成"的理由。

总而言之，她很委屈，也很受折磨。

有时候在我还没开口前，缇娜就会主动替我解围：

"没关系，我明白心理咨询师是不会给来访者提建议的，我不会失望的，我就是试试看。"

她讲得太快、太轻松，以至于让我不得不怀疑她是真的没对我抱有期待。

这让我想到缇娜的童年。

缇娜从小很争气，家里有一堆她捧回来的奖状、奖杯。但缇娜说，这些奖状、奖杯都被妈妈收起来，放在一个柜子里。我好奇地问为什么要把它们收起来，缇娜笑着说，妈妈总是说，得一次奖不算什么，要次次都拿奖那才是真本事，所以她把奖状、奖杯都收起来，好让缇娜戒骄戒躁，忘掉过去的辉煌，继续努力，不仅如此，妈妈还经常给缇娜讲其他人"得意忘形"的悲剧。

我问缇娜那时的感觉是什么，她平静地说：

"我小时候可能有点儿不开心吧，别的小朋友才拿了二等奖，爸妈就会带他们出去庆祝。可是我家里就什么也没有，我妈总是说，成绩已经过去了，要继续努力。现在我也经常觉得拿奖没什么，你问我开心吗，我可能有，也就比这个（缇娜用手指比划了一下）还少一点吧。但随之而来的是对这点开心的恐惧，好像稍微翘一下尾巴，就会翘辫子。"

后来有一回，同样的对话又再次进行起来，我问缇娜：

"我一直很好奇，你完成了这么多项目，几乎没有出过岔子，甚至大部分时间你带领的团队都是最优秀的，可是你仍然每次在项目进行时，焦虑到失眠，就好像过去那些成功经验对你一点儿用也没有。"

缇娜说：

"嗯，能有什么用呢？过去的已经过去了，又不能保佑我下一次顺利过关。"

我接着说：

"我同意你说的，每一次项目都是一个新的经历。我的意思是，你过去取得的好成绩，出色的项目经验，并没有给你带来更多信心，让你相信你大概率是能解决困难的。那种感觉就好像，过去那么长时间里你的成功经验完全消失了，你焦虑的时候完全想不起来类似的情况已经被你搞定过好多次了。"

缇娜看着我，用非常缓慢的语速说：

"你讲的话让我想到我初中时读过的一句诗：别太高兴，会惊醒悲伤。"

在缇娜取得好成绩的时候，父母告诉她"拿一次 100 分没有用，次次都拿 100 分那才是真本事！"这很可能与缇娜父母的成长经历有关，他们似乎在向缇娜传递一个重要信念：就算这次成功了，下次也不一定能行，而且，相比现在的成功，下次成功才是最重要的，如果下一次考得不好，连带着上一次的好成绩也一起"飞"了。

这给缇娜带来了两种很重要的感觉：考好成绩这件事是没有尽头的，你需要一直考 100 分才行；而且，最好别为自己得到的任何奖励和成绩开心，因为好事转瞬即逝，马上化为乌有，徒留悲伤。

尽管世界本身是无序和失控的，但我们需要通过确认自身的努力与结果之间有一定的关联，这样才能获得一点掌控感。这一点掌控感会让我们慢慢累积自信。自信令我们更愿意投入身心资源去探索世界，同时也会滋养我们的内心世界。

对缇娜来说，她拼命追求的那些奖状、奖杯始终被藏在柜子深处，这几乎是一种世界无序的沉默证据，而不是滋养她自信心的"维生素"，于是，在她的人生脚本里，任何成就都无法为她提供滋养，因此，无论她付出多少努力，她都既无法享受过程，也无法享受成功的结果。

第四章

自我认同｜"我是谁"
如何影响你与世界的关系

向内探索：靠近自己、看见自己

通常情况下，当我们谈论"我是谁"时，意味着我们在谈论与自我认同有关的话题。自我认同也被称为自我同一性或身份认同，是主体对自身的一种认知和描述，即我是谁？我是一个怎样的人？我如何定义自己？

"我是谁"是一个终生发展的过程，也是一个不断变化、建构的过程。

根据美国心理学家高尔顿·奥尔波特（Gordon Allport）的自我发展理论，个体对自我的认知要经历生理自我、社会自我、心理自我三个阶段的探索过程。我在本书中主要讨论的是心理自我。

我们如何建立自我认同，在这个过程中可能会有哪些阻碍，这些阻碍会如何干扰我们对自己的接纳，这些都是非常值得思考的议题。

实际上，了解自我认同的发展过程，可以帮助我们定位内心的冲突所在——即我们内心的冲突可能与我们无法认同自身某些真实的部分有关。我们需要打破过去的经验对我们的限制，建构新的自我认同，就像一盆植物一样，如果总是不开花或叶子枯萎得厉害，有经验的养花人在找到可能的病因后，会剪掉枯枝黄叶，静待其重生。

例如，前文讲到的约翰的故事。如果他能意识到自己无法与人建立亲密关系与他既渴望又害怕"真实"的自己不能被接纳有关，而这与他不认同这部分真实的自己息息相关，他可能就不会再急于寻找相亲机会或"适合"的对象了，而是开始把注意力转向自我探索。

如果一个人能够与真实的自己对话，温柔地去了解那个"我"是谁，有怎样的特点、兴趣、爱好，了解那个"我"遇到了什么样的困境——这个困境是他／她需要去面对和解决的问题，但并不意味着他／她很糟糕或不够好，那么，他／她就开启了自我探索之旅。

如果一个人能够带着好奇去靠近自己，探索自己，看见自己，他／她的生活、人际关系就有了自然而然的变化，他／她会因真实的自己被确认而变得更加自信。

自我同一性：无法逃避的人生课题

在心理学家爱利克·埃里克森（Erik Erikon）的人格发展阶段理论中，他把人一生的发展划分为 8 个阶段，其中第 5 个阶段是青春期（12 ~ 18 岁）。这个时期的青少年面临着自我同一性（自我认同）与角色混乱的冲突。

自我同一性是指个体对于自我具有稳定且连贯的认知，即确立了"我是谁""我想要成为谁"等问题的答案。这意味着，个体能够将自我的过去、现在和将来整合成一个有机的整体，能够相对清晰地思考、选择、确立自己的理想与价值观（或其他一些与自我发展有关的重要议题），并为实现自我理想做出积极的努力。

然而，如果一个人在自我同一性的发展过程中受到了阻碍，就会出现同一性整合失调的问题，这意味着，他 / 她总是体验到混乱感，常处在矛盾中，无法做出决定。这非常消耗内在心理资源，使个体很难有余力去探索和发展自己的任何愿望并获取成就，而这对于自尊的发展是非常不利的。

自我同一性发展受阻的人可能会像前文提到的小英那样，一会儿感到自己无所不能，任何目标、任何挑战都不在话下，一会儿又感到自己不堪一击，认为自己连最简单的任务也无法完成，对自己感到厌倦，嫌弃，并且有较强的无意义感。

自我同一性发展受阻的人也可能会长期处在迷茫和困惑中，一会儿热切地要成为街舞明星，一会儿立志向科学家学习勇攀学术高峰，可能过几天又发现，咦，做个画家太有意思了……

当一个人对于自己想要什么，对未来的职业选择和发展方向，对是否要进入一段亲密关系等问题都是不确定的、犹豫不决的或随遇而安的，渐渐的，他／她可能会向另一种状态发展：一方面觉得自己做什么都行，另一方面又什么都不开始去做。起初，他／她可能总是在一份又一份工作中不断切换，也可能在一段又一段亲密关系中来回穿梭，但无法在一个领域或一段关系中"深耕"很难使他／她获得自我成就感和满足感，自我成就感和满足感的缺失会让他／她日渐沮丧，自信也会被逐渐消磨。

自我同一性的发展无法由他人替代完成。比如约翰，他父母担心他受到伤害或挫折，试图替他包办大小事务，从生活上事无巨细的照顾到对报考什么专业的权衡评估，他只需要听从父母的安排，专心学习考出好成绩，也因此，他没有足够的机会探索自我，我们也可以说约翰的自我同一性发展受阻了。

在约翰的案例中，父母在很大程度上代替他承担了结果和风险——当这种结果和风险可以被父母掌控时，一切安然无恙。可是，当父母的经验覆盖不到约翰的人生课题，甚至很难给出具体建议——诸如恋爱、结婚、生子、工作、交友等，他就只能再次回到青春期的迷茫：我喜欢怎样的女孩？我渴望怎样的亲密关系？我想拥有怎样的婚姻和家庭？我想发展个人专业技能还是发展管理技能？这一系列的迷茫及年过 30 岁的焦虑让约翰十分痛苦，青春已经逝去，但青春期的困惑依然存在。

约翰不得不回到原点，再次探索和确认自己是一个怎样的人。同时，他不得不重新靠近自己的情感和想法，允许那个真实的自己出现在人群里，寻找和自己有共鸣的人做朋友，同时也欣然接受属于自己的、独特的个性。

心理咨询师与来访者的关系在某种意义上提供了一个安全有边界、又带有一定弹性的"空间"，可以支持和帮助像约翰这样的人去尝试、体验、收集各种感受——在和外界、他人打交道时内在独特的、复杂的感觉——这些感觉的集合成为了人们建构"自我"的基底。

笃定感：内在声音的统领者

我们不仅要了解"我是谁"，还必须学会定义和创造自己。自我同一性的建立就像试穿一件新衣服，我们可以把父母、老师、教练、电影明星、运动员或任何人当作榜样。从模仿、认同到创造、超越，在这个过程中，我们不停地追问：我是一个怎样的人？我重视什么？我是怎样成为现在的自己的？我希望将来过怎样的生活？

人是一种复杂的存在，不能被局限于某种特定的身份。我可以是孩子，也可以是父母；我可以是学生，也可以是老师；我可以是体面的白领，也可以是勇敢的创业者……总有一种身份可以用来定义"我是谁"，但"我是谁"又常常不会被某种单一的身份所限制，过分强调某种单一的身份，就会把人束缚在一个"模具"里，忽视了人的多元性和灵活性。

心理健康评估中一个很重要的维度是评估个体的"自我叙事"能力。自我叙事能力意味着一个人可以把自己的故事讲明白，通过讲故事的方式把自己迄今为止的人生经验的本质和意义传递给与自己有关系的人。

这种讲故事的能力让一个人在分享经验、情感、想法的过程中获得理解和认同。这并不容易，因为讲好自己的故事意味着这个人能把自己的经验以一种自洽的、有内在逻辑的、有反思性的、和谐统一的方式组织起来，并且没有破碎断裂。

换句话说，一个会"讲故事"的人，他／她需要阶段性地完成相对确定的自我认同，他／她了解自己在不同的关系里，在不同的情境里，在不同的情绪状态下，可能会展现出哪种自我状态，他／她理解并熟悉自己的各种身份，每一种身份都是既清晰又鲜活的，它们像一组组音符，在演奏者——主体——的统领下排列有序，发出和谐而优美的声调，各有主次，为旋律添光增彩，相得益彰。

假如一个人的主体经验不能以这样的方式被建构起来，他／她就会表现出解离和压抑的倾向或状态。比如，小英时常在认为自己是天才或笨蛋之间摆荡，并且这种摆荡的切换常常是无序的、僵硬的，"天才小英"和"笨蛋小英"仿佛互不相识，这种状态在心理学中被称为"解离"。再比如，麦克虽然表面看起来非常优秀，但他却在人际交往中呈现出一种刻板、无趣、缺乏活力的状态，而这往往被心理学家解释为一个人对内在某一部分自我的压抑。

为什么像小英和麦克这样的人，已经在学业、事业上取得了不错的成绩，却缺乏内在的笃定感呢？一个很重要的原因是他们心里的声音有很多，这些声音对自己不同身份的评价常常迥然不同，没有一个相对稳定的、可持续存在的"主旋律"（稳固的内在确认感）来管理、组织、协调这些不同声音，让它们和谐共处。

在没有"主旋律"的内心中，很难确立一种和谐的节奏，不同声音混在一起，令人焦虑、烦躁，虽然外面有一层看起来薄薄的壳勉强地框住这些混乱的声音，但由于里面的内容彼此不连续，不断给外壳造成冲击，因此这类人总是留给他人"外强中干"的印象。

人格的连续性：内在修复力

我的一位老师曾在课堂上问了大家一个问题：

"如果一个人某天走在路上不小心撞到电线杆，额头上鼓起一个包，你们猜，两周后这个包还在吗？"

乍一听这个问题，我们都觉得好笑：两周后这个人大概就痊愈了，额头上的包就不在了。

老师又问："如果这个人两周后发现额头上的包还在，而且一点儿都没变小，你们猜，可能发生了什么呢？"

大家议论纷纷，"发炎啦""有更严重的病灶"，等等，然后一起等待老师揭晓答案。

老师笑了笑说："说明这个人一定是做了什么让这个包

痊愈不了，比如每天撞一回电线杆。要知道，我们人体的组织是有自愈系统和修复功能的，不像汽车，如果被擦掉了一块漆，除非你去店里维修，否则它自己是无法自愈的。"

这种人体具备的自愈系统和修复功能，在心理学中叫作"修复力"或"心理弹性""心理复原力"，英文中使用的是Resilience这个单词。这个概念来源于拉丁文"韧性"，有跳回、弹回的意思，因此我们也常常描述一个有良好内在修复力的人"很有韧性"。也就是说，这类人在处于不太有利的生活情境下，或者遭遇挫折后，他/她能相对稳定地维持或快速有效地恢复到心理健康的状态。就像橡胶球一样，它可能会暂时变形，但很快就会恢复原状。

契诃夫写过一篇小说《一个官员之死》，故事讲的是，小官员伊凡在戏院看戏时，打了一个喷嚏，他不小心把唾液喷到了前排的一个人身上。伊凡心里很害怕，因为那是一位职级比自己高出一大截儿的高官，伊凡连忙向对方道歉。高官接受了道歉，没有怪罪他，只表示自己要继续看戏。可是伊凡的担心没减轻，他继续恳求对方的原谅，反复再三。这时，被耽误看戏的高官不耐烦地说"够了，让我看戏，别没完没了的"。

伊凡见对方面露凶相，内心更加担忧了，不敢再说什么。第二天，伊凡专程去这位高官家里请罪，对方笑着宽慰他。但伊凡依然反复地道歉、乞求原谅，这位高官终于受不了了，让伊凡"滚出去"。伊凡沮丧地走回家，躺在床上，死了。

这原本是个讽刺现实的故事。如果我们从心理学的角度去品味的话，伊凡的内心状态就是缺乏心理弹性的。对高官的畏惧让他极度焦虑，即使对方是一个和气且讲道理的人，但一想到"得罪了高官"，伊凡害怕极了。伊凡不敢相信眼前这位高官不会责怪自己，从而反复道歉恳求原谅，这样的打扰让高官终于生气了，他不打算为伊凡的恐惧负责。

用心理学的视角去猜一猜的话，这种恐惧与伊凡之前与"权威"打交道的经历有极大的关系。比如，他可能曾经被"权威"严厉苛刻地对待过，受了伤，进而有了"一朝被蛇咬，十年怕井绳"的心态，他没法相信自己不小心犯的错是可以被原谅的——这成了他内在的"自我-他人"关系剧本，即使遇到了和善的"权威"，由于这与伊凡的"内心剧本"

不相符合，因此他拒绝了接受新的可能性，并无意识地通过"强迫式重复道歉"最终激怒了原本并不责怪他的"权威"。

在这个故事里，缺乏心理弹性意味着一个人固守过去的经验，并使得这种经验重复出现在当前的关系情境下，比如，这个人过去不小心给别人添麻烦了，对方大发雷霆，他/她固执地认为现在遇到的人也会这样对待他/她；再比如，一个人过去没有被好好对待，于是认为自己不可能被其他人包容，等等。僵化地固守过去的经验，以此预测未来，这很像刻舟求剑，船已驶出千里，但人们的心还停留在最初剑掉下去的地方。

这样看来，大家常用"玻璃心"形容缺乏心理弹性的人是有一定道理的，玻璃坚硬却易碎，只有在极高的温度下才能被塑造成各种形态，并且成型后很难再发生变化，就像伊凡的心一样，遇到挫折就"碎了满地"，甚至连自我修复的机会都没有。

我们知道，孩子的心灵都是丰富而敏感的。在较为宽松、接纳的氛围中，孩子不仅会在身体上得到充分的照顾，还会因为喜怒哀乐都被父母所接纳和关注，而充分地体验到各种感觉并乐于分享自己的感受。即使在成长过程中不可避免地在学习知识、建立关系、遭遇失败、亲人去世等方面体验到糟糕、沮丧、无助的感觉，他们也会因为父母（或其他照顾者）的耐心倾听、鼓励安抚而得到安慰，不会任由焦虑、恐惧等情绪扰乱内心。

渐渐地，孩子内化了父母接纳、关注、倾听、安慰的形象，发展出自我养育（self-parenting）功能，他们能够像父母包容自己的挫败感一样，去应对成长中的挫折，他们可以自我调节，与那些时常体验到的焦虑、烦躁、无聊等感受友好相处。这种自我调节能力是个体的人格中不可缺少的"内在父母"的组成部分，在一次次被他人抚慰到自己能够抚慰自己的过程中，个体对自己的心理修复力有了信心，他／她相信自己有能力影响自己的命运，通常也会更主动、积极地采取行动来尝试获得新的体验。

精神分析理论认为，人格的成长是在个体获得新的客体关系体验的过程中发生的。人格成长的一个重要前提就是，一个人的人格基底具备一定的心理修复力，可以提供足够的心理资源让他／她愿意且敢于投入到新的关系中去拓展经验。

　　心理学家埃米·沃纳（Emmy Werner）通过研究发现，心理修复力会随着时间改变。一些原本具备较强心理修复力的人，如果不幸经历了过多打击，他们的心理修复力就会消耗殆尽。大部分人都有一个崩溃的临界点。

　　另外，也有一些原本心理修复力不够强的孩子，随着个人的努力与成长，他们也可以学会消化负面经历，并且变得和那些从一开始就具备较强心理修复力的人一样出色。

　　这就给我们提出了一个问题：心理修复力是如何发生变化的？

第五章

羞耻感 | 隐形的 "疼痛"

羞耻感：并不是你的敌人

《飞屋环游记》里的小金毛道格（Dug）说："我一点儿也不喜欢羞耻圈 ①（I do not like the cone of shame）。"

羞耻（或羞耻感）是什么？羞耻感是心理咨询师在工作中常常要面对的一种情感，它对很多人来说并不陌生。作为人类情感的一部分，羞耻感就像我们的影子，常伴左右，如果把羞耻感替换成"尴尬""不好意思""害羞""囧"等更为人熟知的形容词，也许你此刻已经在脑海里有了画面：

雨天路滑，你不慎摔了一跤，满身泥水爬起来的第一个念头是最好没人看见你；

---

① 羞耻圈即伊丽莎白圈，是为了防止小动物在术后抓挠伤口导致感染而设计的。

急匆匆赶去上班，电梯超载，你被电梯内的人目送离开，即使没人认识你，你还是满心尴尬，仿佛电梯载重有限是你的错。

……

更可怕的是，当这些过往的经历浮现在你眼前，窘迫和尴尬仿佛一点儿都没随着时光流逝而消退，它像永不褪色的照片摆在那里，成为证明你"不够完美"的证据。

很多感受，如愤怒、悲伤、失望，是可以通过宣泄而得到缓解的。难过了，去按摩一下；愤怒了，去打个拳。唯有羞耻感，我们一秒钟也不想停留在这种感受里。

作为为数不多的研究羞耻感的专家之一，约瑟夫·布尔戈（Joseph Burgo）把羞耻感看作一个更大的情绪族谱，这一系列情感表现在两个维度上，一个维度是从轻微到强烈，另一个维度是从具体到泛化。从这个角度来说，"尴尬"可以被看作一种具体的、轻微的不愉快。而那种对我们有害的羞耻感（对自己的根本否定），更像是一种泛化的、持续的、强烈的痛苦感受。

这种强烈的痛苦如果持续过长的时间，就会降低我们对生活的满意度，影响自我发展，例如，那些常年遭受慢性疼痛折磨的人更倾向于在家里休息，而很少走出家门和朋友们一起交流，而那些深受羞耻感折磨的人也会把自己关在"心门"里，从而限制了他／她获得自我成就感和自我效能感。因此，了解羞耻感如何妨碍自我发展，对于修复受伤的自尊是不可或缺的重要步骤。

当然，羞耻感也有积极的作用。它令人们区分什么是可以公之于众的，什么是可以留存于心的，从而使人类区别于动物。

谈论羞耻感，不是为了消灭它，而是为了找到与它相处的方式，探索我们如何使用这一独特的人类情感来为我们的生活服务，而不受困于此。身体某处的疼痛感是在向我们的大脑发送信号："请快来关注这里，这里出了问题。"心灵的疼痛也是如此。

羞耻感并不是我们的敌人，而是提醒我们去改善身心健康的报警器。在日常生活中，羞耻感常与外貌、身份和社交场合有关，在接下来的章节中，我会分别从这三个方面与你一起探索羞耻感。

外貌羞耻：难以实现的理想自我

我们都体验过满怀欣喜地期待一件事发生，并将自己的期待分享给周围人的经历，例如，三五岁的孩子会在搭好玩具积木城堡后，搜来父母一同欣赏，期待得到父母的赞美。当事与愿违时，我们会体验到相当糟糕的感受，如果父母只是冷淡或毫无兴致地回应孩子，孩子会十分沮丧，甚至会怀疑自己先前的那种"自我满足感"有问题。

如果"这件事"关乎我们的身体，这种失望的痛苦在很大程度上是指向自己的，即我们对自己感到失望、不满意，这是羞耻感族谱中的一环。当我们给自己立下一个"改造身体"的目标（减肥，马甲线，双眼皮等）时，便开启了一扇体验羞耻感的大门，因为立下这种目标的前提是我们并不接纳目前的外貌，我们是出于"不接纳"而不是出于想变得更健康、更漂亮的目的而设立目标。

案例 | 玫瑰

玫瑰是我见过的容貌最美丽、举止最优雅的来访者之一。

然而，她很不快乐。她的不快乐是从青春期开始的，她总是被人议论自己胖，她说自己的小腿比其他女孩的小腿粗壮不止一倍，甚至超过了部分男孩。这种对"胖"的密切关注在玫瑰读高中时到达了顶点：学习的压力令她无时无刻不在吃各种零食，她的体重越来越高。

由于被同学们指指点点，玫瑰总是穿着宽大的衣服以试图遮掩自己的身材，这却让自己看起来更加"庞大"。玫瑰把这一切归咎于小时候奶奶总将注意力放在自己"吃饭"这件事上，一上饭桌，就一个劲儿地要她多吃点儿，再多吃点儿。玫瑰从小就是个小胖妞，脸圆圆的，总被夸像个洋娃娃，大家也特别喜爱她胖乎乎的样子，可是长大后却不一样了。

　　多年来，她一直在控制自己的体重，体重秤上的指针微微向右晃动一毫米对她来说都是巨大的打击，接下来的好几天她会忍饥挨饿直至体重回到50公斤以内。

　　可是，过了30岁以后，玫瑰发现控制体重不再像过去那么容易了。来见我时，她轻声说："我已经戒掉了一切爱吃的甜点，不喝任何饮料，不吃米和面，可是，唉，我怎么越来越胖！"

　　她望向窗外，思绪似乎飘向了遥远的某地。

　　"我妈妈就是像我这样的'梨型'身材，腿短而粗壮，她不爱运动，可看起来很强壮。你知道吗？一天，我在家走动时，我爸突然看着我来了一句：我这个女儿的腿可是够粗的——我不记得自己当时的感觉了——但我爸那种表情让我印象深刻，我感到自己受到了侮辱。"一串儿眼泪顺着玫瑰的脸庞落下来。

　　沉默了一会儿，玫瑰继续说道：

　　"我前男友也总是用那种语气说我，你懂吗？就是那种略带遗憾的语气……有一回，我终于鼓起勇气买了一条短裙，我穿上后问他'好看吗？'他说：'裙子是好看的，你要是腿再细点儿就好了'。我的脸一下子火辣辣的，恨自己干嘛要自取其辱……我也希望自己的身材不是这样的……可是，我没有办法啊……小时候大家都喜欢我，我甚至以为圆鼓鼓的才可爱，可是为什么长大后大家都说我胖，连家人和闺蜜都要我减肥，为什么我要被大家评价。我受不了那些异样的目光，如果可以有隐身衣就好了，那样就没人看见我了。"

对玫瑰来说，对她身材的负面评价来自她的爸爸和前男友。当成年后的玫瑰在亲密爱人面前展示自己的成熟魅力时，她原本期待获得欣赏、赞美和认可，但对方所给予的回应让她无比失望，也深深地伤害了她，她的"身体自我"的存在遭受到了威胁。来自重要他人的评价的确能影响甚至撼动我们对自己的认知，特别是当我们处在建立自我认同感的阶段时。

来自他人的反馈会被我们内化到理想自我中，成为现实自我努力靠近的目标。这意味着，当我们收获太多"苛刻"的反馈时，我们会设定更加"宏大"的理想目标，但这通常是现实自我很难通过努力达成的。例如，玫瑰给自己设定的目标——骨感——并不符合她的真实体态，无论她怎么竭尽全力地控制饮食减少体重，理想的骨感身材都是不可能达到的。

当我们为了"补偿"内心的羞耻感给自己设定了不切实际的目标时，我们通常只会体验到挫败（因为这类目标几乎不可能实现），这反而加重了羞耻感，如果我们不能停下来梳理内在的感受，而是为了缓解糟糕的感受立下更高的目标，就会陷入恶性循环中。

美国北卡罗来纳大学的弗雷德里克森（Fredrickson）教授和科罗拉多大学的罗伯茨（Roberts）教授在客体化理论（objectification theory）中指出，反复的客体化经历（被当作客体来评价而忽视主体的感受）会使女性将自己视为被评价的客体，从而使女性以观察者视角审视自己的身体，即发生了自我客体化，自我客体化意味着女性频繁、习惯性地对自身的外表进行自我监督。

自我客体化打断了女性与其主观体验的联结，使女性更关注自己在他人眼中的形象，而非关注自己的感受，这往往使女性更加寻求"我看起来怎么样"，而不是"我感觉怎么样"。

媒体有意无意地制造和传达的"美"的标准和意象，也对人们过分关注自身的外貌起到了非常重要的作用。

另外，在当今社会，遭遇外貌羞耻折磨的不仅是女性。随着女性经济实力的改变，以及媒介关注点的改变，男性也受到了影响，开始体验到被凝视的感觉。最常见的就是关于男性的身材和男性气质，等等。

甚至许多时候，隐性的贬低和羞辱是包裹在"好心""心直口快"里面的。诸如"你都这么胖了，还吃""你腿太粗不适合跳舞"等话语时常出现在日常交谈中，我们感到心痛，却常常不知此痛因何而起。

身份羞耻：无回应的爱

有一类羞耻感与我们自身的存在感关系紧密，源于我们是否获得了恰如其分的关注。很多人都体验过因为 "无回应的爱" 引发的羞耻感。

比如，被喜欢的人告知对方只把自己当作普通朋友，发出去的信息长时间 "已读未回"……这些付出了真心但没有得到回应的时刻，会激发我们产生 "我不够好" 的体验——属于前文提到的羞耻感族谱下的一个类别，你可能会因此觉得 "我是不重要的" "我没有足够的吸引力"，当然，这样的感觉很可能被愤怒、悲伤这类更容易接受的情感快速覆盖，因为跟羞耻感待在一起太难受了。

约瑟夫·布尔戈谈到，获得爱和关注的渴望是人类的天性，如果养育者可以提供给我们所需要的爱和关注，那么我们的期待就能通过这些经验获得回应和确认，我们的内心就获得了充分的养料。而获得"无回应的爱"则是一种令人很痛苦的体验，因为这种爱的背后并没有真正的情感联结，这种情感的失联会引发羞耻感，它影响深远。

一些有自恋问题或有成瘾问题的父母，他们缺少爱的能力，生长于这类家庭的孩子长大后会倾向于挣扎在赢得这种爱的道路上，执着于证明自己的价值以弥补因为没有获得"有回应的爱"的残缺感。赢得这种爱的一种重要途径是看见我，欣赏我，为我鼓掌，但这往往会被阻断，因为在日常的人际交往中，人们很少有耐心不断地去回应一个人"自我求证"式的"索爱"，这类人反而会不断地品尝被忽视的疼痛。而当久被忽视的人重新获得关注时，即使转向自己的目光是温和的，有伤口的人也很容易被陌生而热烈的"被看见"灼伤。

电影《芳华》里有个片段，刘峰去精神病医院看望何小萍，他不明白为什么何小萍突然病得这么重。医生说，大白菜冬天放在室外不会坏，但突然被移进温暖的室内，就可能会坏。他比喻的是一个人的精神状态，长年处于冰冷无爱的关系中,虽然痛苦,但也习惯了,突然间,何小萍成了英雄、楷模,被世人称赞,那么多人的目光"唰"地一下子看过来,她的内心承受不住就崩溃了。

案 例 | **汤 姆**

> 我习惯在来访者讲第一句话前安静地注视他们并等待。
>
> 这天同往常一样,我看着汤姆坐下来,等他准备好开口。他和我目光短暂接触了一秒就迅速瞥向别的方向,并低下了头,好像在笑。他又瞟了我一眼,然后摇了摇头,自嘲式地笑起来:
>
> "老师,你是不是想问我在笑什么,呃,我其实看见你一直看着我,我有点儿……有点儿……"他似乎有些为难,犹豫要不要说。
>
> 我说:"好像我看着你,引起了你的一点儿不太容易描述或说得出口的感觉。"
>
> 汤姆挠了挠头,仿佛下定决心似的又笑了,说:
>
> "就是你看着我,我就觉得我得赶紧说点什么,不

能辜负你。然后我还在想我脸上是不是哪里不对劲，但又觉得还好啊，我今天洗脸了，出门也照了镜子，但就是忍不住在想我是不是哪里有问题，又想看看衣服穿得对不对……"

我问汤姆这种被"看着"的体验怎么样。他沉默了一会儿，不笑了，说，还挺复杂的。

"其实有点不好意思，还有点尴尬。有种要被穿透了的感觉……以前我不是说过我跟我爸讲话时从来不看他吗，后来我发现好像我说话的时候都挺怕跟人有目光接触的……小时候有一次我在街上遇到我爸，我们正对着走近。我远远就看见他了，不敢叫他，正害怕呢，结果，我爸好像没看见我似的，就从我身边走过去了。一直到现在，我也不确定他有没有看见我。如果是我哥，就不会这样。我哥很厉害，我爸有什么事都是找他，但永远也想不起我来。"

我点点头，说：

"这让我想到刚才你说我一看你，你就有种要赶快讲点什么给我听的压力。"

"对！"汤姆一边点头一边不好意思地笑了起来。

好像必须得借着笑，来遮掩焦虑和尴尬，这也让我想起他常说的一句话"伸手不打笑脸人"。

汤姆告诉我，爸爸的眼光总是聚焦在优秀、聪明的哥哥身上，对哥哥委以重任、寄予相当高的期待。跟父母对待哥哥的"精心雕琢"相比，汤姆就像是父母用边角料随手捏的"泥人儿"，不被当回事。哥哥确实也争气，个子高，五官俊朗，爱笑，热心还嘴甜，学习成绩永远第一，难怪获得了父母的偏爱，而汤姆则经常被忽视，连家里的亲戚也时常记不起这个"普通的"弟弟。

从懂事起，汤姆就知道自己是"差"的那一个，个子矮，眉眼普通。他渴望有一天自己能从爸爸眼里看到他望向哥哥时才有的那种亮光，好像那种亮光能让他的人生灿烂起来，不再是灰秃秃的。汤姆说，自己是在把收到500强企业的工作邀请函告知爸爸那一刻才开始"存在"的。或者说，那一刻汤姆找到了存在的方式——做一个"有用"的人——精益求精。

心理学家詹姆斯·吉利根（James Gilligan）认为，如同身体没有氧气会死亡一样，当内心不被爱时——无论这份爱来自本人还是他人，心也会"死亡"。父母的忽视，似乎在以最清楚的方式告诉孩子——我们不爱你。

那些与汤姆有相似经历的人，就像何小萍一样，渴望寻找被爱的目光和证据，但当真的关注来临时，他们又总是因为心底泛起的羞耻感，推开那些他们原本可以拥有和享受的爱和亲密关系。

社交羞耻：当"不一样"被当作不正常

羞耻感令我们想要封闭自己的内心，将自己与外界隔绝。同时，当我们发现自己被排除在一个群体之外时，这又会进一步激起我们的羞耻感。

一到过年，许多年轻人会头疼于被亲戚亲切追问："谈恋爱了吗？什么时候结婚啊？一个月挣多少钱啊？……"许多人都体验过这种被一大家子包围询问的状况，以及用他们的价值观把你从头到脚扫描一遍的尴尬和不自在，这既让人愤怒、委屈，又让人忍不住怀疑自己是否没有按照"正常人"的轨迹发展。好像只要自己与他人不同，就不正常。

在校园霸凌中，孤立是一种特别常见的手段，本身就挣扎在建立自我认同感的关键时期的青少年很可能因为被孤立而感到自己是一个失败者，但他们其实并没有做错什么，只是因为与群体中的其他人有那么一点不同而已。在学校，由于难以获得群体归属感，并且没有得到足够的支持去解决困境而本能地撤回家中的孩子（如厌学的孩子）不在少数。

案例 | 贝蒂

　　贝蒂记得从乡下转学到市重点小学的那一天。她起了个大早，穿上了自己最喜欢的那套运动衫。姑姑帮贝蒂梳了个单马尾，吃过早饭后送她去学校。

　　在校门口，姑姑笑着与她道别，还特意叮嘱她要听老师的话。

　　进了教室，贝蒂被班主任安排坐在第一排，正面对着老师的讲台。她既兴奋又好奇，跟以前的学校相比，现在的教室气派了不少，同学们也个个都很洋气。课间，贝蒂看到讲台上放着一摞练习册，歪歪斜斜的，她伸出手想把练习册整理整齐，刚拿起第一本，下一节课的任课老师进来了，接着就是一声呵斥："把手放下，怎么这么没规矩，你，就是你，新来的学生！"

　　贝蒂被吓傻了，一动不敢动，连眼泪都没来得及流。

很久以后，当贝蒂告诉我这段经历时，嘴撅得高高的，腮帮子鼓了起来，泪汪汪地，当时我们正在讨论她因为担心把咨询室里的地毯踩脏了而把脚缩在地毯边缘窄窄的一条缝里。

"我怕你觉得我没规矩，毕竟这里是你的工作室。"说着贝蒂又低头看了一眼地毯，"而且你看它颜色很浅，如果踩脏了洗起来很麻烦。"

后来我们谈到更多贝蒂在转学后被排挤和孤立的经历，即使她的学习成绩越来越好，她也能感到自己不属于这个群体。甚至她怀疑自己的学习成绩越出色，其他女同学就越不跟她一起玩。在贝蒂的印象中，自己只懂得学习，只有学习这件事让她得心应手，后来她考上了很不错的大学，毕业后也找到了心仪的工作，她学会了打扮自己，看起来像大家认可的"精致白领"。

可是她从不跟同事们谈论自己，特别是自己的家庭，父母都是农民这件事让她觉得丢脸。她不想让其他人知道自己是从"山沟里飞出来的金凤凰"，也讨厌朋友们赞美她是"最成功的小镇做题家"。甚至许多时候她刻意避开同事们的午餐邀请，宁愿一个人孤独地度过午休时光。在她的想象中，大家一定在背后窃窃私语议论她，学生时代那些痛苦的记忆似乎随时会扰乱她的内心。事实上，由于贝蒂总是拒绝同事们的邀约，渐渐地，她收到邀约的次数越来越少，然后贝蒂叹了口气：我和这个世界总是格格不入。

有学者通过研究发现，在遭受群体孤立时，人们被激活的大脑区域，与遭受生理疼痛时所激活的大脑区域高度一致。这意味着，被群体拒绝的心痛，与生理上的疼痛区别不大。可是，相比容易说出口的头痛、牙痛、胳膊痛，羞耻感和低自尊引发的疼痛（心痛）却难以启齿。

当我们发现自己与一个群体中的人不同时，羞耻感很容易被唤起，使我们感到焦虑，可悲的是，由于先前受伤的经验没能被"处理"和"包扎"，对疼痛的害怕让我们在还没有发生被隔绝在外的事实前，就先把自己隔绝起来了——拒绝他人主动发起的邀请，来防御可怕的羞耻感，如此又印证了一开始的假设——我是被孤立的那一个，从而陷入了恶性循环。

与贝蒂有相同体验的人通常有社交焦虑，他们不敢让真实的自己暴露于人，他们害怕自己的"与众不同"不能被接纳，反而换来异样的眼光。

然而，真正的亲密关系只有在"真实"的土壤里才能"成长开花"。在关系中的两个人，只有勇敢地向对方祖露真实的想法、情感，分享自然而然发生的细微体验，了解真实的自己，也了解真实的另一半，祖露脆弱和勇敢，无助和果断，亲密关系才能被建立。

重要的是，这种祖露也需要有意识的准备和预热——祖露方和接收方都需要做好心理准备，双方有空间和时间去预测和期待可能会发生些什么，来缓解"不确定感"引发的焦虑。这就是为什么亲密关系里的一方如果某天突然"被分手"，而之前从来没有任何预警，这会让"被通知"的一方备受伤害，其中一部分痛苦则来源于这种"突然性"。这也是为什么人类总是热衷于研究预测各种灾难（如台风、地震）的方法，好让我们能更早一点识别出信号，并采取可能帮助和保护我们的应对方法。

　　毫无征兆的暴露，会给现场的所有目击者带来一定程度的冲击，往往也会干扰旁观者去承接暴露者的脆弱和羞耻感，无法给到他／她适当的情感支持和接纳。因此，社交关系中的自我暴露和自我保护的"度"是值得我们去探索的。

第六章

完美主义｜成长路上的绊脚石还是垫脚石

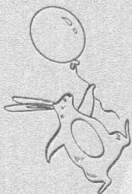

完美主义与完美主义拖延症

《脆弱的力量》（*The Gifts of Imperfection*）一书的作者布琳·布朗（Brene Brown）说，"羞耻感是完美主义的声音。"在完美主义者的内心深处，他们对自己的不完美有强烈的羞耻感，而他们之所以追求完美，更多是为了掩饰这种羞耻感。

当完美主义占据了我们的认知和情感时，我们会试图把一切都做得尽善尽美，这样一来，我们似乎就可以把自身不完美的部分"消灭"，从而维持基本的自尊感。

然而，在建立健康水平的自尊的过程中，完美主义并不总是能为我们提供积极的力量，很多人都经历过沮丧和挫败的时刻——对完美的执著引发了剧烈的、令人难以承受的焦虑感，这反而妨碍了他们展开行动去向"完美"的自我理想靠近。于是，完美主义演变为"完美主义拖延症"。

"没办法，我是个完美主义者。"这句话你一定不陌生。

当你看着下周就要向客户汇报的资料堆积成山，手头又有一份紧急文件需要确认，而你已经连续忙碌了几周，却仍然觉得时间不够用，你想暂时放下某些工作。或者，当你负责的项目接近截止日期，每次回顾时，你却觉得这个地方可以再调整、那个细节可以再修正，从而导致项目整体进度的拖延。这时，你意识到自己有"拖延"的情况，并且很可能讲出前面那句话，你认为是因为自己"追求完美"，而在不知不觉中出现拖延症的状况。

心理学家将完美主义分为"积极完美主义"和"消极完美主义（神经症性完美主义）"两类。二者的区别在于，前者追求完美，在事情做得不尽如人意时也会生气，但起码可以把事情做完。即使偶尔拖延，也不会超过最后期限。此外，他们能从自己的努力中获得满足感。后者则喜欢追求不切实际的目标，难以集中注意力且会在达不成目标时感到沮丧和自责，甚至会无限期拖延下去。

苹果公司的创始人史蒂夫·乔布斯（Steve Jobs），他总是对每件事都要求完美。在乔布斯的自传里，当他与沃兹尼克（Wozniak）在车库设计苹果一号时，乔布斯拿起一块沃兹尼克烧好的电路板，指着上面的晶片说："为什么这两块晶片不对称？难看死了！"

"反正电路板会放在塑胶盒里，人们看不见，没有人会在意它们对不对称。"沃兹尼克说。

"我在意！"乔布斯勃然大怒，他直接把电路板扔进了垃圾桶。"我要的是一块一块整齐对称的晶片。"数十年后，苹果公司成了世界上最有价值的公司之一。

苹果公司的员工说，乔布斯有一股"现实扭曲立场"，一般人觉得不可能的事情，他总是有办法实现。像乔布斯那样的完美主义者相信自己能达成目标，他们渴望成功，并且对成功抱有正面的想象。

在积极完美主义者的心理地图里，他们的自我价值感很高，他们在乎自己的感受，相信自己有能力做好每件事。即使失败了，他们也不会过分在意他人的评价，他们相信能力是可以培养的。虽然这次失败了，但只要能力提升了，下一次很可能会成功。

在消极完美主义者（完美主义适应不良者）的心理地图里，当表现不好时，适应不良者会觉得是自己不好，而不是事情没做好，他们会因较低的自我价值感而产生很糟糕的情绪。

如果我们认为他人的评价比自我评价重要，情绪会很容易受他人影响，也容易拖延、缺乏自信、自我否定。过分在乎他人的评价，这是适应不良者常落入的陷阱。

所谓消极完美主义者，其核心症结其实是焦虑。所以那些自称"完美主义者"的拖延症患者，其实并不是积极完美主义者，而是"完美主义拖延者"。他们的焦虑来自不完美。

他们对于工作、人际关系等事物抱有完美的要求，期望没有任何瑕疵，一旦出现瑕疵，即使是很微小的瑕疵，他们也会有明显且强烈的焦虑情绪。如果这种焦虑水平很高，那么他们就不可避免地要滑向拖延了。

苛求完美及由此引发的焦虑，耗费了完美主义拖延者大量的心理资源，使他们没有力气做事，为了弥补这个巨大的差距，完美主义拖延者常见的防御方式就是进入幻想世界，他们开始幻想：其实我很有能力，只是拖延而已，要是不拖延，这件事我能完成得特别棒，而且完美无缺。我肯定不是没有能力，我只是有些懒惰，我是不想做，只要我想做，这都不是事儿……

这种由于拖延导致工作不顺利，继而引发对自我的不满和自我攻击，于是通过幻想来回避现实的心态，就是我们接下来要谈论的"鸵鸟心态"。

"鸵鸟心态"：不面对就看不见

鸵鸟是什么？

它是一种能够以 70km/h 左右的速度狂奔的动物。在面对危险的时候，它可以通过快速奔跑而逃离现场。而且，它锋利的爪子也具有一定的攻击性，对于狮子、老虎这类凶猛野兽的捕捉也能做到不错的防御。

"鸵鸟心态"是什么？

它与鸵鸟本身的攻击力和防御力恰恰相反。如果鸵鸟在遭遇危险的时候，把头埋进沙子里，遮蔽自己的视野便认为对方看不到自己，误以为自己已经远离了危险。最终的结果往往是它们错过了逃避危险的机会，让凶猛野兽成功地将自己捕杀。

有一则寓言故事也可以说明这种现象，那就是"掩耳盗铃"。小偷在偷铃铛的时候，害怕铃铛会发出声音将其他人吸引过来，于是他选择捂住自己的耳朵，默认自己听不到铃铛的声音，其他人也听不到。最终的结果则是他确实没听见铃铛的声音，但其他人听见了，于是很快就抓住了他。

结合上面的描述，我们可以发现，"鸵鸟心态"是一种逃避现实的防御心理。"鸵鸟心态"在心理学中又称为"鸵鸟综合征"。在生活的各个领域中，我们经常能看到"鸵鸟心态"的各种表现。

在面临人生重要节点的时候，"鸵鸟心态"常常显得更加明显，比如很多平时表现优秀的人在考试这种关键时刻却选择回避，面对难度适中的题目也会因焦虑而不愿意思考，以至于不能安心答题，最终错过了成功的机会。

在遭遇多次失败后，很多人选择更加努力并留心时机，以便再次获得成功。但也有不少人在失败后选择"适应失败"，这些人对成长逐渐持有默认放弃的态度，从而浪费了自己多年的努力。

躲进幻想的成本看起来是非常低的，因为幻想不需要被现实检验。或者说，因为没有全力以赴，所以躲进幻想的人不需要面对"就算努力了也还是做不好"的可能性，更不需要被迫承认自己是个普通人。

但实际上，躲进幻想的代价很高，如果一味沉浸在幻想中逃避现实，人们可能会因错失解决问题的时机而使现实状况更糟糕。

然而，从另一个角度来说，在幻想中拖延就没有一点价值吗？不见得。在很多事情上，如果我们知道自己的行动会带来负面后果，但又有内心冲动使我们忍不住想去做这件事。那么，"鸵鸟心态"也不完全是不可取的。

米芾是宋代四大书法家之一，他一生都是一位清廉、纪律严明的官员。相传米芾喜欢书画，有个人因为有事相求，就刻意送来珍贵的书画，这些画在他家里放了很多天，他连看都没看，就吩咐仆人送回给主人。仆人很困惑：你至少要打开它看看吧。米芾说：如果我不看，我还可以安慰自己它是假的。如果我看了，喜欢上这幅画忍不住收了它，那不是毁了我的名声吗？米芾立志要做一位好官，但他深知自已抵抗贿赂的决心是不够的，所以他干脆利用了"鸵鸟心态"——没有看到就动不了贪念。他对贪婪的防御也许并不高明，却有一定效果。

虽然停留在幻想中会在一些时侯让我们不必面对残酷的现实，但你或许已经明白，沉溺幻想是不可能维持自尊的。它只是安慰剂。真正能提升自尊的方式，既不是幻想自己可以完全实现理想自我，丝毫不允许自己犯错或失败，也不是自怨自艾，放弃行动。而是在认清理想自我与现实自我之间的差距后，通过一步一个脚印的努力，逐渐靠近目标。

理想自我与现实自我之间的差距

"我不只是我"，这句话并不难理解，"我"是一个统一体，这个统一体包含理想自我和现实自我两部分。

理想自我是如此完美，如此令人向往，当理想自我使人难以触及时，我们就很容易产生羞耻、内疚等情绪，这些情绪势必影响到现实自我的发展。理想自我与现实自我之间的差距越大，我们就越是不敢面对现实自我。

使现实自我发展成理想自我，这是每个人的夙愿。美国心理学家卡尔·罗杰斯（Carl Rogers）指出，每个人的心中都有一个理想自我，但大多数人发现自己与理想自我不匹配。理想自我和现实自我越接近，我们对自己的认同感就越高。这意味着，协调和平衡理想自我和现实自我之间的差距，是一个人自信、自尊、自爱的基底。

罗杰斯认为，每个人都有内驱力，他将这种动力称为自我实现趋势。罗杰斯认为，充分发挥自身潜能的人，有以下核心能力：

- 用开放心态接纳自己的经历；
- 活在当下；
- 相信自己；
- 有效地运用自由；
- 有创造力。

罗杰斯认为，实现理想自我需要建立在具备上述五种能力的基础上。但很多人没有耐心去提升自己的能力，反而希望通过塑造一个"虚假人设"来获得良好的感觉。

随着互联网的发展，越来越多的年轻人通过虚拟平台把"虚假人设"和理想自我紧密粘连在了一起。这意味着，他们在游戏、社交平台上塑造的形象与现实不相符，甚至与现实背道而驰。待在虚拟空间里的时间越久，他们就越难回到现实，越难与真实的生活和真实的自己相处，他们的理想自我和现实自我之间的差距会越来越大。

在游戏中，有些人可以玩到最高段位，被其他人称为"游戏大神"，然而，人们不知道的是，他们可能荒废了大学四年的时间，没有看过一篇论文，考试没挂科的科目屈指可数。在获得网友的赞扬的过程中，他们逐渐忘记了现实中的失败，将虚假人设和理想自我摆在比现实自我更重要的位置。直至在毕业后求职时，他们才发现自己连面试资格都没有，职业电竞选手的条件更是难以满足，现实生活带来的打击使他们越来越无法面对现实。

美国心理学家威廉·詹姆斯（William James）把自尊定义为：自身的价值感。他认为，个人价值感取决于一个人能否实现自己立下的目标。但影响人们实现目标的因素，除了在现实层面付诸行动外，还取决于他们立下的目标是否考虑到了他们真实的能力水平。否则，如果立下的目标是不现实的，那么他们只会像第五章中提到的玫瑰一样，越努力，越焦虑，越努力，越不自信。

追求完美不是件坏事，但前提是你要认识自己，并给自己成长的时间。

第三部分

重建自尊：开放、
接纳、专注

重建自尊的本质是学会爱自己，爱自己可以让我们的生活抵达一个新的幸福水平。

我们向外寻找爱，是因为我们儿时熟悉这种寻找爱的方式。事实上，获得爱的前提是爱自己。假如你依赖于别人给予的关爱，那么，无论获得来自另一个人的多少关爱都不会让你完全满足。

但是，我们如何才能学会爱自己，过上让自己舒服的生活呢？答案在于向内探寻，并且不断练习"爱自己"这件事情，其努力程度就像你努力考试、答辩、应聘一样。爱完整的自己，你才能学会对自己好，并在此过程中成为一个更好的人。

第七章

失败教会了你什么

失败是努力的证据

失败是什么？它可能是被公司裁员，可能是经济上遭遇窘迫，可能是在亲密关系里被人抛弃，可能是暴饮暴食破坏了减肥计划，可能是已经很努力了却还是输在了重要的一步上……

想把事情做好是人之常情。当把一件事做成时，我们会体验到极大的愉悦感和满足感。而一旦一件事做不成，我们就会感到失望、沮丧，甚至会感到理想破灭了。

相比失败，我们更愿意谈论如何获得成功。如果不得不谈论失败，那么大概率也是会谈论"如何避免失败"。也就是说，失败是很多人千方百计想要避免的。悖论在于，假如不允许失败存在，大概率你也没办法迎接成功的到来。因为，从本质上来讲，我们都是一边失败，一边学会如何成功，一边慢慢变好。

最重要的一点是，如果你失败了，潜在的事实是你一定努力过。失败意味着你鼓起勇气去做了一件不容易的事。失败的结果会告诉你什么是有效的、什么是无效的。

在我学习心理咨询的头几年，我总忍不住问我的督导师："我可以这样吗？我可以那样吗？"她也总是微笑地看着我："为什么不呢？"我回应道："我有些担忧，要是不起作用就糟糕了……""哦，亲爱的，那意味着你将会得到宝贵的经验——此路不通，你需要尝试别的路。"

那时的我忍不住怀疑我的督导师是不是过分乐观或对我的期望太高了，多年以后我才逐渐意识到，真正让一个人获得成长的不是找到"对"的方法，而是不放弃尝试的努力。

如果心理咨询师误解了来访者，很自然地，他 / 她希望来访者能帮助他 / 她重新找到正确理解来访者的道路。这时，心理咨询师从来访者那里寻求"灵感"，来帮助自己正确地理解对方，这也恰恰是来访者受到鼓励的时刻：他们发现可以从自己所犯的错误中学习，并从心理咨询师不愿意放弃的态度中找到灵感。

你看，一次失败可以使我们意识到自己很可能需要以不同的方式去处理事情。

如果一种方法不起作用，尝试不同的、更有创意的方法可能是答案。所谓"失败"，其实是我们一直在努力、一直在尝试、一直在学习的证据。

聆听每一次行动的回声

想象失败是我们每一次行动的回声，静静聆听，你可能会听到什么？

美国马萨诸塞州的一所设计学院曾举办了一个展览，叫作"允许失败"（permission of fail）。它的特点是展示艺术家的"失败"和"混乱"，这些看上去的"失败"和"混乱"都被汇集到一起，创造了一个无与伦比的、美丽的展览。举办方的初衷是想让人们了解，即使是"失败"，也可以被创造性地转化为"成功"。

失败是生活中的必修课，它可以很好地帮助我们看到我们所不了解的自己。搞砸了的项目、破碎的关系，让我们了解了什么对自己才是重要的，我们如何学习，以及如何成长。这是一个真正的自我探索过程。这需要一些责任感，即通过自我反思来承认我们所认识到的错误并汲取教训。

比如，当你因晋升不顺利而感到沮丧时，你不一定需要和领导谈话，但你可以反思，你是否可以承担更多的工作责任，在下一次晋升到来前制定一个目标，或者是更努力地让自己的成绩和表现被领导看见。

再比如，如果是恋爱分手，除了自我反思以外，你可能还需要向关系里的另一方发起更多的沟通，这能帮助你了解你们是如何相互影响的，对方的哪些特质吸引了你，哪些特质让你无法忍受，哪些互动是出乎意料的。这些"反馈"能帮助你了解自己的需求和痛苦。也许你可以向受到影响的另一方承认自己的责任，这能帮助你意识到在开始下一段恋情前，你需要获得哪些成长。

当第三章中提到的约翰把目光从"如何交到女朋友并成功结婚"这项任务转向自我探索时，即探索我理想的恋爱是什么样的，我希望在恋爱中和对方分享什么，我对什么感兴趣，对我来说，对方如何对待我能让我体验到被爱和关心，我又是以哪些方式向对方表达爱和信任的时候，他学会的是"和自己谈恋爱"。当他真正体验到对自己好奇、感兴趣时，他就会与自己随时随地有"说不完"的话：我今天开心吗？我遇到了什么好玩儿的事情？领导对我说的话让我感到焦虑，我体验到了什么？

然后有一天，当约翰遇到了心仪的女孩，对话中的"我"换成了"你"：你今天开心吗？今天工作忙吗？你喜欢中餐还是西餐？经过和自己"谈恋爱"的过程，他明白了，谈恋爱意味着和另一个人建立一段亲密关系，意味着彼此相互交流，相互了解，分享彼此的兴趣、想法、情感。而这就是将失败转化为自我反思及自我探索的意义。

持续学习：始于接受"我不懂"

很多人的"学习"停留在行动层面上，如报业余培训班、考各种专业证书，可是在上了课程和拿到证书后，这些好像只是缓解了他们对于"自己不够好"这件事的焦虑，并没有给他们的生活带来真正的改变。

这些人对培训机构新推出的任何课程都会非常心动，那些"半年速成、三个月月入八万"的海报总是迅速击中他们内在始终弥漫着的紧迫感。各种速成班会让人产生一种错觉：我可以在短时间内花很小的代价就能获得巨大的改变和成长。

当我们心里的感受是："我不够好""我不够优秀""我太懒了""我得更努力一点"时，我们就会本能地做出一些行动来转移和缓解这种压力，但这种行动通常只浮于表面。这就像很多人把买的书摆在书架上当装饰品一样，只是用表面上的这种动作掩盖他们内心认为自己不够好所带来的焦虑。这通常并不能起到真正的学习效果。

真正的学习是什么样的？这个过程通常包括两个维度。

第一，要打心底里去接纳"我不懂"这件事。然后，我们需要投入其中，花时间去学、去体验，这个过程是辛苦的、单调的，甚至是无聊的。也就是说，真正的学习意味着，我们在触碰和直面一种感受："噢，原来这个我不知道""噢，原来我真的没那么优秀"。

我们需要面对"我有不足"这件事。我们会不断地面临这件事带来的沮丧感、失望感、悲伤感和对自己的愤怒，但这是成长的一部分。我们需要接受改变的发生是一个慢长的过程，在你肉眼可见自己发生改变前，你很可能会失去耐心，觉得很郁闷：怎么我努力了这么久还没有成功。但有这种感受是正常的。

就像前文中提及的从小不被允许犯错的孩子，好奇心就会被压制。好奇心让你能问出"为什么"，但要有这样的好奇心，源头还是在于接受"我不懂"这个事实。当问出的

"为什么"没有得到恰当的反馈时，一些人可能会渐渐从中学会一件事——我最好不要让别人知道我不懂。

不敢让别人知道"我不懂"其实是一件很可怕的事。我的一位来访者对我说，他不喜欢在教室里上课，更喜欢上网课，并且这种喜恶已经严重影响到了他的学业。在我们的交流中，我得知每当他坐在教室里，他都会感到非常焦虑，焦虑什么呢？如果教授讲的东西他听不懂，他不敢提问，因此他对这种"现场教学"感到很不安。但如果是面对屏幕，他则可以通过看回放或听录音把不明白的地方弄明白。他说："如果大家都懂，就我一个人不懂，那多难为情。"

这位来访者在一次小组会上不敢提问后，不懂的内容越来越多，在作业环节，大家都是默认组员清楚作业内容和目标，可以分别完成各自的任务。而他却因为不清楚自己的作业怎么完成而焦虑不已。但是进行到这个阶段，他更不敢提问了，因为在此时提问，他可能会受到额外的批评，那就是"你怎么不早问呢？"在害怕和焦虑之下，他感到非常羞愧，以至于他开始通过装病来逃避任务，不参加合作作业，这进一步导致了其他组员不得不在截止日期前花费大量的精力去弥补他的部分，这无疑也影响到了作业的整体质量，进而让全体组员没有取得理想的成绩。这反过来又大大加重了这位来访者的内疚和自责，让他不敢面对其他组员，不敢承担自己的责任向他们道歉请求谅解，最终因此休学。

在这个例子中，我们了解到的是，如果你不能接受自己有不足的事实，真正的学习是无法进行的。只要学习，就会引发内心评判，这几乎是不可避免的过程。我们内心对自己的批评诸如"我为什么不是一听就懂、不能一做就做得十分完美"。所以，我们需要接受"我不懂"这件事，如果发现有不懂，恰恰是因为你在好奇。

第二，真正的学习需要我们付诸行动，坚持练习，相信时间是自己的朋友，等待量变引起质变。

我想跟你分享我学习吉他的过程。我开始学吉他是因为我觉得这件事很有趣，但是当我的手指无法按照我的意志去行动，练和弦时怎么都弹不出好听的声音时，我就会很烦躁、畏难。我理性上也明白持续练习才能进步，但是焦虑让我感到不安，我会不断地在脑海里问自己："我这么练，真的会有结果吗？"

我在和我的分析师（心理咨询师）讨论这件事的时候，他说："这就是学习的快乐，但是你好像没有办法体会这种快乐。"我承认他说得对，因为每当我的手指不听话的时候，我都很沮丧，觉得自己很笨。但他告诉我，我之所以沮丧是因为我有一种幻想，好像自己根本不用学，就应该会弹，并且能弹得很好。

我觉得我的分析师的话很有道理。后来我坚持练习了一周，每天弹 10 ~ 15 分钟，还会录下来反复听，中间可能时不时会出现一两段好听的旋律。如此，过了一周，神奇的事情发生了，当我再次拿起吉他时，我突然觉得弹得很顺手，并获得了一种自我满足感和自我效能感，也对练习和学习的过程产生了信心。

通过这个例子，我想强调的是，在学习的过程中，你一定会有一种焦虑，疑惑"究竟还要练多久、学多久才能把这件事学会"。在这种焦虑之下，你很可能会停止练习、放弃行动。而我们对自己的满意感及对知识和经验的吸收，正是在背一个个单词，练一个个和弦的过程中产生的，"做好"的前提是我们先"去做"。

把握当下："去做"先于"做好"

很多朋友跟我讲，"如果我当时能够写邮件……""如果我当时不做这个决定……""如果我当时跟他们讲就这样做，就不是现在这个结果了"，等等。但是，人生没有如果。没有如果的意思是，在当时那种情况下，你基于自己所拥有的资源和信息做出一个决定，你做出的决定是自己在当时能做出的最佳决定。每个时间点都会有一个不一样的最佳决定，但这是不可比较的。

"如果……"是一个幻想，这个幻想是我们用来帮助自己去应对我们不想接受的状况——事情结果可能与我们的期待不一样，甚至可能是一个失败或错误的结果。当一些人需要面对丧失时，就常常会用这个句式开头，来责备自己。

我们不是预言家，也不够全能，这是人的局限。因此，

我们永远只能够活在当下，而当下就是最好。

如果我们不能够接受当下就是最好，我们会永远想去追求更好，从而失去了和当下在一起的机会。

焦虑就是我们不能够活在当下的信号。焦虑的人，要么懊恼过去，要么担忧未来。

我想起自己第一次学习正念的经历，我在那次正念练习中感觉很好，进入到了一种非常放松、非常平静的状态。在获得了那种好的感觉以后，我在下一次练习时就很想复制那一次的感觉，但总是事与愿违。后来我和正念老师聊到我无法重遇好的感觉这件事，我的老师说，"这是因为你执着于过去，每一次练习你都有可能获得一种不错的体验，但你永远无法获得与昨天一样的体验。"

那次学习正念的经历让我明白了一个道理：我的一部分焦虑源于那种好的感觉已经过去了，我还舍不得和它说再见，还想再重温那种好的感觉，我想抓住它。我不想哀悼那段逝去的时光，这妨碍了我在今天做正念练习时收获还不错的体验。

我们需要甘愿接受丧失与遗憾，从而与过去告别。如果我们接受了当下就是最好，我们就能够把握当下，把力量集中于当下，做事时就不会执着于得到好结果，即便结果不如预期也没关系，因为我们努力了。

"去做"是"做好"的基础，希望你也能勇敢行动，追求自己所想。

练习：把失败转化为一次学习机会

有很多原因会导致你认为自己很失败。失败给我们带来的难以消化的部分通常是负面感觉，这些负面感觉通常都与我们对"自己是个怎样的人"的评价有关，比如你发现自己总是会想，"我永远是个失败者""我不可能变好了""别人不会再相信我了"……，失败让我们感觉很糟糕，这很正常。你不必将责任全都归咎于自己，过于无助、沮丧的情绪不利于你从失败的漩涡里走出来，并从失败中汲取宝贵的经验。

转化失败的关键是实事求是地回顾整件事的历程，从内、外两部分汲取经验和教训。

试着完成"失败学习转化表"（见表 7.1），思考表格左边的问题，将答案写在右边的空白处。请用第三人称来完成思考的部分，例如，问"约翰为什么失败了"而不是"我为什么失败了"虽然这听起来是个老旧的办法，但是很有用。当你采用"自我疏远"的视角来讨论困难事件时，你会更好地理解自己的反应，而且会体验到相对少一些的压力和情绪困扰。

表 7.1　失败学习转化表

失败学习转化表	
日期	
用第三人称来回顾整个事件的经过	
失败的部分是什么	
做得不错的部分是什么	
失败的原因（外部 / 内部）	
如果再一次尝试，会在哪些具体环节采用不一样的方法，具体有哪些方法	
学到了什么	
假如有机会公开分享失败经验（用于他人的学习），会怎么来讲述	

第八章

成为勇敢爱自己的人

允许自己去爱和被爱

老年人经常说的一句话是，没有吃不了的苦，只有享不了的福。小时候我对此满心疑惑，还有享不了福的人吗？谁会爱吃苦呢？

在我做了 10 多年咨询工作，听过许许多多"享不了福"的故事后，我开始理解一件事，没有人在意识层面愿意受苦，但他们的确一直在吃各种苦，并且在可以享福的时候，无端地、诡异地错过或搞砸让生命可以多彩、愉悦的机会。其中一个重要的原因是，他们内心始终挥之不去的"不配感"。

当一个人无法理直气壮地认为自己应该得到快乐和爱时，或者说，当一个人认为快乐和爱需要被允许时，他／她就是在怀疑和否定生命与生俱来的权力：去爱和被爱。

"生而为人，我很抱歉。"这句话经常被年轻人引用。这句话让人感到很悲伤，生命如果需要抱歉，这份沉重的内疚和羞耻将会压得这朵生命之花无法绽放——仿佛绽放是有罪的。

我们的父母可能会因为各种内外部的困难和阻碍而产生心理创伤，他们的生命也不是自由舒展的，在养育孩子的过程中，他们的内心可能会存在很多冲突，我们作为他们的后代，不可能完全阻绝这部分带来的影响。

事实上，很多人都相信，没有父母会不爱自己的孩子，但是很多父母爱孩子的方式，的确可能给孩子带来伤害。

比如一些过于自恋的父母，他们希望自己的孩子完全按照自己期望的"模板"成长，如必须考上名牌大学、必须就读指定的专业、不能结交某类朋友等。这种教养方式很可能会毁掉孩子的内在生命力。

这就好比一棵树，只要给它适当的水和阳光，给它适合的土壤，它就会茁壮地生长。但如果你每天都在掰它的枝干，想控制它的生长方向，过度修剪它的枝条，反而会破坏它自然而然的生命力。同样，父母对孩子的过度干预会给孩子带来一种感受——不管我怎么做，都不能让父母满意，进而会觉得自己很糟糕，内在的价值感就会很微弱。

还记得麦克的故事吗？他被父母期待成为拥有高学历的知识分子，如果写小说，就会受到父母的责怪和贬低。这样的早期经历导致他在人际关系中产生了问题：他不相信有人会因为"他是他"而喜欢他，他认为他必须做一些什么，满足对方的一些愿望，才能被对方喜欢，这样做的同时，他又时常怀疑对方是否在利用自己，把自己当成一个工具人，而这种内心的冲突，归根结底，是麦克微弱的内在价值感在作祟。

我在前文中谈到真自体和假自体的概念。人们常说，孩子是不会撒谎的。"我要吃这个东西""你是坏妈妈"……他/她想什么就说什么，这就是真自体。

而假自体也可以被称为"适应性自体"或"社交自我"，是我们为了适应社会而发展出的一种自我功能。当假自体与真自体产生极端"分裂"时，一个人就会怀疑真实的自己是否值得被爱。

从这个角度来讲，我认为一个人要想学会爱自己至少要满足两方面的需要：（1）他／她需要充分地了解自己，并且自我的不同层面是被他／她自己所接受的；（2）他／她需要体验到，在某种亲密关系中，有人是可以接受他／她全部的样子的，也就是他／她的真自体和假自体可以整合。

所谓爱自己，获得"生而为人我很自豪"的感觉，应该是不论我化妆与否、穿着精致与否……我都觉得自己是足够好的，是不错的。在亲密关系中，则表现为不论我今天是什么样子，什么状态，我都是值得被爱的。

事实上，"爱"这件事是不需要努力的，就像出生这件事，你没有做任何的努力就被孕育，并被带到这个世界上。只是很多时候，有许多困难妨碍了我们感受到这份爱的存在。

爱，无法通过控制与讨好获得

很多人在亲密关系中这样寻求爱的证据：他们希望伴侣完全按照他们的要求去做。

例如，我的一位朋友，当她心情不好时，就会给她老公打电话，不论她老公正在做什么，她都要求老公在接到电话后立刻回家。如果老公回家了，她会非常高兴，但同时也很内疚，因为她觉得自己提出了一个很无理取闹的要求，给老公添麻烦了。

她的控制是因为她不相信自己配得到爱，但是她又渴望通过得到爱来证明自己存在的意义。所以她会一次次用各种要求让老公向自己证明这份爱，但心里又矛盾地认为自己没有资格"让老公如此用力地爱我"，进而产生羞愧感和负罪感。

　　她之所以如此，是因为她在小时候就是严格按照父母的要求长大的。例如，她爸爸要求她听话，她就会听话；老师要求她考名牌大学，她就会努力考名牌大学。

　　她不敢不听话，因为她认为如果不听话，她的父母和老师就不会喜欢她，她所获得的爱都是有条件的。所以她不会觉得父母和老师的要求是出于他们对自己的爱，也不会认为自己的顺从是出于自己对他们的爱。她体验到的是：不做是不行的。"如果我不做，我就可能会被打、被罚、写检讨、没饭吃……"所以她学会的是一种扭曲的爱，即只会通过控制向他人索取爱，而不能感觉到自己的存在本身就是有价值的。

　　还有一些人，他们同样只学会了扭曲的爱，但他们不会直接控制他人，而是通过"讨好"的方式来避免糟糕的体验。

　　总体来说，我们的情绪可以分为舒服的和不舒服的两种，通常我们更愿意接触和呈现更积极、更快乐的一面，因为我们并不喜欢悲伤、愤怒、挫败、沮丧的感觉，不想激活内心的这一面。这样做无可厚非，但很多人走向了一个极端，他们为了避免面对某种状态，或因拒绝承认某种需求刻意表现出"全好"的一面。

举个例子，假如一位男士的妈妈很吝啬，他从小就在要零花钱的时候感受到妈妈的不情愿，他会觉得自己给妈妈添麻烦了。另外，妈妈的吝啬会让他感到自己没有价值、不被爱，所以他会产生愤怒情绪。他可能会告诉自己一定不要成为这样的人，之后，在与人相处的时候，他会刻意表现得非常大方，如主动买单等。如果有朋友提议费用均摊，他会突然觉得这个朋友非常吝啬。其实他并不是讨厌朋友的这一部分，而是讨厌过去他和妈妈之间的互动体验。

在这个例子中，假自体就是那个慷慨大方的"我"，是这个人想要成为的那个"更好的我"，但这种假自体是与他的真实感受相违背的。因为他的真自体中也有认同妈妈的部分，即认同"赚钱是辛苦的""花钱不能大手大脚""要学会存钱"这一部分，但因为小时候的痛苦体验，他非常不愿意承认自己有与妈妈同样的特质，因此他只能以一种极端的假自体的外壳去与外界打交道。这样，"真实的我"和"更好的我"就在不知不觉中被割裂和对立起来了。

　　长大后，这个人可能会对自己非常吝啬，却对他人非常大方，尽管这可能会让他痛苦，但他就是做不到对自己大方。这也表明了，内心对自己的存在有羞愧感的人，很多时候都会把爱自己的那部分能量和目光投注在他人身上，他们总是会对其他人，或者是宠物，表现得非常非常爱，但他们在表达这种爱的时候，会有内在幻想：渴望对方以同样的方式和程度来爱他们，因为他们做不到直接将爱的能量投注在自己身上。

　　而如果他们一直在"讨好"他人，他人却总是不用同样的爱来回应他们，他们就会感到非常愤怒，因为他们的羞耻感让他们无法理直气壮地表达：我想让你来爱我。

自我关怀的代码，可以重新去写

现代神经科学研究显示，婴儿在出生前四个月，就已经开始为降临到这个世界做准备，其中就包括通过与妈妈的声音、气味等进行一系列互动，来帮助婴儿组织内在的混乱感觉和外界给他／她的刺激，这对婴儿的神经系统的发展影响很大。比如，假设婴儿饿了，他／她会用哭泣或扭动身体来试图引起妈妈的注意力，吸引妈妈查看自己哪里不舒服。

如果妈妈能比较准确和及时地识别出孩子的需求并提供满足，孩子的神经系统中就留下了标记，即留下了一个"这样做会有用"的印象。反之，如果妈妈没有回应孩子的哭泣，或者总是判断错误孩子的需求，慢慢地，孩子的神经系统中就会记录下这样一个脚本——这个世界很可怕，我饿的时候想要获得帮助是很难的。之后，就可能会形成一个恶性循环，当下一次孩子需要帮助时，就不敢向妈妈表达了。因为在他/她的认知中，这很危险，可能会让他/她受到更大的打击，"与其我花这么大的力气去表达还得不到回应，不如算了。"

当这类人发展到成年阶段时，就非常容易形成一种现象：尽管这类人身边有伴侣、有家人、有朋友，但他们依然觉得自己很孤独，当被问到为什么不向周围的人分享想法时，他们通常会说"现在已经不想说了，他们听不懂"。

如果有人问，"那是对方给出了什么样的反应让你觉得他们听不懂呢？"

这类人可能会回答："也没有什么奇怪的反应，我其实并没有和他们说我的想法，我只是觉得可能没有人会懂我。"

其实当他们说"他们听不懂"时，这个"不懂"包含两层含义：第一，他们曾经做了表达，但是妈妈（养育者）没有及时、准确地理解；第二，从过去的经验出发，他们认为自己说了也是白说，他们心里想要的是自己一说对方就懂，甚至是自己还没说对方就能懂。需要注意的是，关系中的理解是一个互相学习的过程。如果想要对方理解自己，你需要和对方一起做很多的努力和尝试，不断地沟通，"是这样吗""我是这样想的"，通过类似的交流，来持续地对双方的想法和感受进行澄清、确认、核对。

这个尝试的过程需要一些勇气。在生命的一开始这是一种本能，一种想要表达需求的本能，就像婴儿饿了就会哭，只是在长大的过程中，我们学会了忍住不哭。甚至觉得表达需求非但没有用，还会因为需求得不到满足和回应而感到愤怒和悲伤，这让我们后来不敢、不愿、没有勇气再表达和发出信号，关闭了对世界表达的窗口。

几乎所有来咨询的来访者，他们来咨询室的行为就已经表达了他们需要帮助的愿望。但是我却经常遇到来访者这样开始对话："嗯……好像没有什么要说的，我不知道说什么。老师，你问我吧。"其实他们当然有想说的，只是在他们的经验里，一是不知道如何表达，二是觉得说了也没用。他们通常会有这样的心声，"如果我付出了很大的努力，对方却听不懂，我会很愤怒，所以我要假装没有期望，从而避免体验到失望"。

自己不说，却希望让对方看出来并替自己表达出需求，这其实是一种被保留下来的、来自生命早期的婴儿式愿望。婴儿是没办法说的，但为什么成年人也会"说不出来"呢？首先，是因为他们自身的表达能力没有得到发展，再加上环境和对象不适合表达，或是没有人给他们回应，让他们害怕表达，越不表达，就越不会表达，最终停留在只能使用像婴儿一样的表达方式的阶段；其次，要表达，就需要识别出自己的需求。

婴儿在妈妈的回应中，慢慢明白什么是饿、什么是无聊、什么是便意，逐渐建立起这种联结。所以，我们是在与他人的互动中，慢慢学习到我们的需求是什么、我们的感受是什么。

如果没有经历过这样被悉心养育、被教育的过程，我们的情感发育会呈现出简单和极端的特点（并不是贬义）。就像孩子在看电影时会问："这个人是好人还是坏人？"，这种问题意味着他／她还处在只能区分好与坏、爱与恨的发育阶段，即情感分化程度较低，层次较少的发育阶段。情感的分化就像现代的工业革命带来了产品的精细化，带来了更高级的发展，使情感变得更细致了。

情感的分化过程是这样的，你说你爱我，是什么样的爱？欣赏、喜欢、还是依赖？你说你悲伤，是什么样的悲伤？尴尬、气馁、还是挫败？情绪是需要学习和命名的，情绪的背后是需求。一个人只有能准确地识别自己的情绪和需求，才能将其精准地表达出来，否则情绪和需求就会像茶壶里的汤圆，怎么也倒不出来。

的确，在和父母相处的过程中，我们被对待的方式（无论被回应还是被忽视）大大影响了我们对于爱他人和爱自己这件事的认知与行为模式。我们在小时候就像是一个空白的"硬盘"，我们的父母、我们的养育者就像是第一批往这个"硬盘"里写代码的人，当然我们也会自带一些"出厂设置"，即我们先天的基因，这些共同形成了我们的"底层代码"。在我们成年以后，我们需要重新学习和检索我们的"底层代码"里都写了些什么，这是不容易的，因为"底层代码"通常是自动化运行的。

可能很多人会说：那我怎么办？我也知道我不会表达，我不够爱自己，但是我小时候我父母就没有好好地帮我去命名需求，也没有好好地爱过我。

他们其实是在讲：我的"底层代码"就是这个样子。可是，一个人成年后的发展恰好就在于我们要学习自我养育，也就是我们要学习做自己的"程序员"。我们要检查和修复自己的问题，先检查我们的"底层代码"是什么，然后思考可以在哪里写一些新的代码。虽然我们并不能删除"底层代码"，但我们可以写入一些新的东西，可以给它打补丁。

自我价值感是可以累积的

　　低自尊的人需要通过做一些小事来爱自己，但很多人往往并不知道什么是真正的爱自己。例如，如果我对来访者说，"嗯，听上去你好像并不怎么爱自己。"他们通常都会说："我还不够爱自己吗？老师，你知道吗？我去年给自己买了三个包。我对自己花钱从来不设限，我想买什么就买什么。我觉得我已经很爱自己了，有时候我都觉得我是不是太爱自己了。"

　　很多人对于爱自己有一种误解，即他们以为在自己身上花钱，就是爱自己。他们觉得"我拥有的越多，我就越好"。这种误解源于他们内在有匮乏感。然而，如果一个人内在有匮乏感，即使拥有再多的东西，也不足以让他们感到满足。

　　有个好笑又心酸的故事，一次，我的一位来访者对我说，"老师，我今天有点不舒服，一直拉肚子。可能是因为我吃了不新鲜的西瓜。"我感到很奇怪，于是问他，为什么要吃这样的西瓜。

"啊，那个西瓜快要坏了，如果把它扔了，我觉得很浪费，而且老师，我觉得现在买西瓜很不容易，所以想了想，我就把那个快要坏了的西瓜吃了。"

然后我说，"我在想，你好像忽略了一个事实，如果你因为吃了不新鲜的西瓜得了急性肠胃炎，或者是你的肠胃出现了更严重的问题的话，你可能会付出更大的代价。"

"嗯，我当时没想这些，我就是觉得这个西瓜如果扔了的话，我会遭天谴。"

我说："可是你现在拉肚子了，反而让我觉得你好像是在惩罚自己。"

然后他就笑了，说："真的，你没有这样说的时候，我真的没有想过我是在惩罚自己。你知道吗？今天早上我还在跟我朋友讲，我每天都在吃过期面包，我都吃了十天了。早上我才突然意识到，如果从十天之前就开始吃在有效期内的面包的话，我不是就不用吃这么多天过期面包了吗！"他哈哈大笑，随即又有点难过，他说："我忽然意识到我给自己买了这么多东西，可是到现在为止还没有吃过一次新鲜的。"

虽然我这位来访者拥有那么多，但是这好像对他内在的那种"我不配"的感觉一点帮助都没有。

因为"买东西"或"寻求物质满足"本质上还是在爱"好的自己"，而不是爱真实的自己。自我价值感这个东西，从某种意义上来讲，我认为它永远是关于我们如何与我们内在最真实的部分相处。

自我价值感是可以累积的。这种积累意味着你要学会爱你脸上冒出来的痘痘，你要学会爱你脸上爬出来的细纹，你要学会爱做 PPT 的时候又忘记了写关键信息的自己，你要学会爱早上匆匆忙忙错过了一班地铁，很努力但睡眼惺忪赶到办公室的自己……简单来说，你每一天能不能做一件很小的、发生在你身上的，但同时让你觉得你在努力爱自己的事。

很多时候，"爱自己"意味着我们要对自己有一颗慈悲心。但是很多人对待自己就像一个马戏团的驯兽员，不停地在拿皮鞭抽自己，甚至每天都在抽自己。

在咨询室里，让我非常心疼的一类来访者是这样的：虽然他们在自己所处的行业中是佼佼者，但是当他们坐到咨询室里时，他们总是会对我说，他们觉得自己如何糟糕、如何堕落、如何不行。他们总是害怕自己这件事做不好，那件事做不好。如果我尝试让他们留意自己做得出色的地方或自身还不错的部分，他们要么笑着对我说："嗯，其实你这样鼓励我，我还是很开心的。"因为他们觉得我是心理咨询师，所以我要说一些让他们感受好的话。要么他们就会觉得"啊，这样就好啦？老师你要求也太低了！"对他们来说，90 分才是及格。在这种情况下，他们就很难累积自我价值感。

其实，当我向来访者如实反馈我的感受时，比如对某位来访者说"你不化妆也很好看"，这并不是想要否定来访者对自己的评价，而是希望她留意：有没有可能允许自己去看见，她看待自己的感觉和我看待她的感觉都是真实的。在主体性上我们是两个人，我们各自拥有主体感受，并且我和她的主体感受很可能不尽相同，有时差异还很大。

你需要意识到你对自己的消极评价只是众多视角之一。接纳不同的看法，你才能够在照镜子的时候，虽然自己看自己觉得不化妆不好看，但是能想到"嗯，我的心理咨询师好像觉得我不化妆还挺好看"。虽然你不一定认同心理咨询师的话，但是你能够打开一个缝隙，意识到不同人的视角和审美是有差异的，"她说我好看，那是她的体验，她没有说假话，她是真的觉得我好看"。

我不是想说服你改变对自己的感觉，我是想邀请你去看见，你对自己的感觉和我对你的感觉是不一样的。如果一个人不能够允许这两种不同的感觉同时存在的话，那么他人对他／她的那些好的感觉是没法给他／她充电的。

假如我夸赞了你，你会开心吗？在低自尊的心理作用下，很多人在被他人夸赞后只能开心一会儿，然后开心的感觉就转瞬即逝了。这是因为他们只能够短暂地停留在"啊，原来他人觉得我还不错"的感觉里，随后便很想把他们"觉得自己不够好"的那种感觉消灭掉，但是他们很有可能做不到，因为他们的"底层代码"就是这样写的，想要把"底层代码"删除是不容易实现的。

我们现在探讨的是：你能否在允许自己的"底层代码"存在的同时，也让那些能够帮助你的人的代码写进来。如果想让真实的自己和好的自己整合起来的话，你一定要走到这一步，一定要允许你对自己的评价和他人对你的评价共存。只有这样，才能让他人对我们的积极评价给我们持续的正面影响。

累积自我价值感的另一个层面是保持一颗平常心。

举一个很真实的例子，比如我要写这本书，刚开始的时候，我只有一些零散的想法，但是写不出来。后来我意识到，不是我写不出来，而是我觉得我写出来的内容不够好。后来我就尝试了一种方法，不管内容好不好，我每天一定要写2000字，或者我把想要写的内容用最粗浅的表达方式写下来，或者我至少要问自己几个问题，让自己明白想在这个小节里面写些什么。

然后我就发现，随着我每天写一点儿，我的焦虑就下降了。第二天，顺着前一天写出的大纲，我又写了2000多字，虽然字数不多，但是我又感到放松一些。我的放松帮助我更有效率地去多写一点儿。我甚至不需要多做。就像我今天背10个单词，明天背10个单词，后天背10个单词，我并不需要今天背10个单词，明天背15个单词，后天背20个单词……也像我弹吉他，虽然我每天只弹10 ~ 15分钟，但是我发现现在已经会弹很多歌曲了。

练习：将自我照料作为重建自我价值感的第一步

你可能会问，自我照料与自我价值感有什么关系？也许你从未考虑过自我照料对自我价值感的重要性，但它确实在自我价值感方面发挥着重要作用。

自我照料包括：（1）个人清洁；（2）健康饮食；（3）运动习惯等一系列日常活动。这些日常活动可以帮助我们了解自己的身体感知和身体节奏——如什么时候容易饿，什么时候容易感到疲倦，吃什么食物能让消化系统更舒服，等等，从而使我们与身体建立一种和谐的亲密关系，这种从身体感受出发的体验，会慢慢影响我们的内在情绪感受。

关于个人清洁的一个有效经验是，你应该尽量让自己处在最舒服的状态里，这样你才会喜欢自己的样子。个人清洁包括定期洗澡（当我们郁闷得不想起床时，爬起来洗个热水澡可能是特别有帮助的事）、梳理头发、修剪指甲和保护牙齿等，任何你的身体部位需要得到的照顾都可以放在个人清洁维度。你还可以在着装方面有意识地考虑什么样的穿着会让你感到自我感觉良好。当你这样做时，它往往会给你带来额外的自信。

除了个人清洁，自我照料还包括两个主要部分：健康饮食和运动习惯（锻炼），即用更积极、更健康的习惯来照顾好自己的身体健康。营养丰富的、均衡的饮食，会给你更多能量，改善你的心情。经常锻炼也有很多好处，包括帮助你看起来更有精气神、感觉强壮及拥有更积极的态度。除了吃得好和保持锻炼之外，你还需要密切关注自己的睡眠情况和压力水平。

"自我照料评估表"（见表 8.1）可以帮助你尝试观察、记录并思考可以怎样学习、改善对自己的基本照料。特别是在"困难和挑战"一栏里可以仔细探索看看，外部和内部分别有哪些因素妨碍了你去做那些你的头脑"知道"会给自己带来好处的事情，列出 1 ~ 2 种方法来帮助自己。

你甚至可以把这张表贴在你书桌显眼的地方，以让自己随时能够留意到，并在自己感觉不好的时候提醒自己求助于更健康的方法和策略。

表 8.1　自我照料评估表

自我照料评估表			
自我照顾	对现状的评估	希望改善的部分	困难和挑战
			外部 / 内部
个人清洁			
饮食习惯			
运动习惯			
睡眠情况			
其他任何你想到的重要内容			

第九章

疗愈原生家庭带来的伤痛

"凭什么"和"为什么"：对哀悼的拒绝

曾奇峰老师常说"万病源于未分化"。所谓未分化，就是我们潜意识里忍不住要去疗愈原生家庭，疗愈父母，我们以为，只有父母变好了，我们才能获得改变。而分化则意味着我们要努力从原生家庭分离出来，疗愈自己的伤痛。

所谓疗愈自己，意味着你能够理解和接受自己，接受幼时的你不能够疗愈父母的伤痛，这并不是你的错。你小时候没有办法让父母满意，或是让他们快乐，这并不是你的错，是他们自己生命的痛苦影响了他们，与你无关。

你要允许自己作为一个孩子的能力是有限的。在你小时候，你需要得到父母的帮助，而当他们没有能够很好地帮助你时，为了避免接受"理想化父母形象"的破碎。你把错揽到了自己身上。你可能会在心里问自己，为什么我有那么多的需要？为什么我有那么多的愿望？为什么我给父母制造了麻烦？但这一切，并非你的错。

并不是你给父母制造了麻烦，而是因为他们自身有各种各样的创伤，他们无法处理自己生命中的痛苦。他们可能希望作为孩子的你能够去照亮他们的人生。所以你很努力，你渴望看到父母为你骄傲的样子，渴望通过让自己成为他们期望中的孩子来让他们高兴。

但事实是，我们并不能够疗愈父母或我们的家庭。尽管如此，很多人也不允许自己得到疗愈，认为自己过得更自在、更快乐、更放松是背叛了父母和原生家庭。在父母的痛苦被疗愈前，很多人是不允许自己得到自由的。

但这恰恰是我们每一个人需要去哀悼的——尽管我们爱父母，但是他们生命中的那些伤痛，我们除了去理解，去为他们感到悲伤以外，我们并不能够为此做更多。有很多心理学家都认同，长大成人的关键一步，就是放弃治疗我们的父母。

当我们还是孩子时，我们常常会失望于父母没有为我们做更多，我们会觉得他们不完美。

我小时候经常觉得我的家庭对我很不公平，因为我是女孩，我出生后不久就被送到了外婆家抚养，我总是忍不住怀疑父母更喜欢男孩——我哥哥。我在很多年里始终都觉得，"是不是我如果是一个男孩，我就能够得到更多的爱？"一方面，我对自己感到愤怒，会想"我为什么是个女孩"，并且，我认为"我是个女孩，我让父母失望了，这都是我的错"。另一方面，我又觉得自己的父母很糟糕，别人的父母并不是这样的。我拒绝原谅自己，也拒绝原谅父母。

很多人，或者说之前提及的那些有童年创伤的人，他们都有类似的幻想，即"如果有一天我的父母变得不一样，那该多好。我的父母如果不一样，那我也就不一样了。"但实际上，这很可能是在拒绝哀悼童年的丧失，也就是你在拒绝长大，拒绝离开受伤的地方。

长大就意味着"底层代码"已经写完了，现在到了由你决定要不要给自己更新代码的时候。而这意味着，你要为自己内在的这个系统负责。虽然你过去是个孩子，你现在仍然有孩子气的部分，但是你也有成年人的部分。

很多人经常感到不公平和愤怒："这也不是我的错，也不是我父母的错，那我要对谁发脾气呢？到底是谁的错？为什么我的命运是这样的。为什么我的朋友不是这样的？你看我朋友，他父母帮他付了首付，让他在上海买了一套小房子。他现在可舒服了，还贷压力也不是特别大。他在经济上能够自给自足，他父母也不需要他出钱养老，他想出去玩儿就出去玩儿，也不需要像我这样经常搬家，那这不就是我父母的错吗。"

实际上，归根结底，或许是你的父母就没有接受他们自己真实的样子，因为他们不能够接受自己真实的生活和自己真实的样子。所以他们希望你成功，他们希望在你身上能够弥补他们对自己的遗憾。这让你很愤怒，因为你觉得他们只是给你提出了要求，但是没有给你提供任何的资源，让你一个人孤军奋战。

而当你认同了父母理想化的期待时，你也觉得自己理想中的样子就是要站在很高的位置，而你真实的样子却又离那个位置很远，你就会觉得实现理想很难。现在，父母的声音可能早已内化成你自己的一部分，你在无意识里已经完全认同了那种严厉苛刻的自我督促，而难以放松。但这正是我们要去完成的功课：接受局限，哀悼无法实现的愿望，转而去爱自己，治愈自己。

童年脚本：你在重复什么

在我们成年以后的亲密关系里，我们很有可能会重复来自父母的"童年脚本"。

举个例子，假设一位女性的爸爸常年工作在外不回家，在她小时候，爸爸总是在外面工作。那么当她成年以后，她就很可能会在表面上说，我要找一个能够陪伴我的男朋友，但是在无意识中，她选择了一个很难留在家里陪伴自己的男朋友，然后对他提出这样的要求——你要经常在家陪我。她会复制那个旧的场景和脚本来试图逆转这个结局。

如果一位女性想找一个可以陪伴她的男朋友，从现实层面来讲，她一开始就要观察，首先他要有意愿，不抗拒亲密关系。其次他的工作状况也能支持他做这件事。可是很有可能，她会一边说"我要他陪伴我"，一边找一个远在其他城市的另一半，谈异地恋，从而无法获得陪伴。在意识层面，她想找一个陪伴自己的人；但在无意识层面，她会去重复自己原来熟悉的那个场景——爸爸经常不在家。

一方面，她渴望男朋友天天在家陪自己；另一方面，她又不知道怎么跟一个天天都在家陪自己的男朋友相处，她没有这种经验，她很害怕，也不知道如何处理这种亲密关系——因为她没有见过父母每天在家相处的样子，她熟悉的场景就是家庭中的男性角色不在家，总是妈妈在家里跟女儿一起生活。"男性角色每天都在家"是一个"新代码"，她从来没有处理过，也没有人教过她，当她与一个如此亲密的男性同住一个屋檐下时，她会对此感到不知所措。

意识层面我们可能都会想，"我不能重复父母的不幸婚姻"，但是在无意识层面我们都在本能地追求熟悉的模式。至于你的"底层代码"是怎么写的，你要看了才知道。这就是为什么很多来访者会说"老师，我最近意识到我的生活好像一直在重复。我的第一个男朋友，当时就是有女朋友的，然后我后面谈的男朋友全都是有女朋友的。我好像就是对那些有女朋友的男人特别感兴趣。但是我现在越来越觉得我想要了解自己，看看为什么我会重复这些。"这就是她不了解自己的"底层代码"，不了解她的童年脚本到底是什么。

童年脚本，就像是收拾东西时突然从换季衣物口袋里摸出的100元钱，它一早就放在那里了，只是我们不知道而已。

拥抱内在小孩：成为自己

所谓哀悼，其实包含着对长大成人的期待。当一个人会走路了，就面临一种选择：他 / 她是要走路，还是要放弃走路，回到父母的怀抱？

这种"会走了还想着被抱"的愿望是我们内心深处保留下来的、婴儿式的绝对依赖的愿望（幻想），这种愿望并没有错，并且终其一生会在我们的精神世界里占有一席之地。我们总是会有这样的愿望（完美的父母会替我们解决掉各种麻烦），但它并不妨碍我们在现实世界里为自己努力。我们需要学会分辨，什么是我们的愿望，什么是我们的幻想，什么是现实。

当一个人开始区分幻想和现实时，他 / 她就走上了自我养育的道路，也就是给自己写代码的道路，做自己的父母，做一个成年人，然后爱自己内在的那个小孩。

有人可能会说，"有时候我就是很累，我想有个人抱抱我。"我们在亲密关系中，有时候会想跟好朋友或爱人撒娇，"我今天就是不想干活，你今天帮我干一下。"其实这种依赖是可以被允许的，因为这种依赖是相对的，而不是绝对依赖。

很多时候，我会在与来访者咨询的时候感受到，他们很害怕长大。这种恐惧来源于他们心里以为如果他们作为一个成年人，就意味着他们不能撒娇，不能获取帮助、不能得到安慰、不能诉苦、不能发牢骚、不能吐槽……他们以为所谓的独立就是不依赖任何人——我谁都不需要。

但不依赖任何人实际上被定义为一种假性独立——这类人表面看上去是个成年人，什么都能干。其实心里面有个特别爱撒娇、特别粘人的"小孩"，只是这个"小孩"被藏起来了，但是这个"小孩"一直在那里敲门，他/她需要你把他/她放出来，一旦他/她被放出来，往往就会依附在亲密关系中。

所以这类人，平时看起来好像"孤家寡人"，过得还不错，一旦进入亲密关系就不行了。要么你很难靠近他们，要么就是他们依靠你依靠到你感觉他们整个人要"化掉"了，好像"哗"的一下就倒在你身上，完全依附于你。其实这是因为他们已经依靠着假性独立的外壳"撑"很久了，已经快要撑不住了。

所谓"拥抱内在小孩，成为自己"就是说：一个人不需要活成一支队伍，长大和独立意味着他／她自己可以做一支队伍的队长。在这支队伍里，会有朋友，有同事，有伴侣，有父母，有心理咨询师，有教练，等等。在生活中，你其实需要很多人的支持，但是，你自己是队长。如果你把这个位置让出去了，那么你就变成了被管理和被控制的那个人，你可能常常会感觉到自己被这个世界操控了，会很无力。这是因为你想"做小孩"的愿望没有被足够地表达和适度地满足（并且在无法做回小孩时没有得到充分的哀悼），于是，你自己把自主权交出去了，当然，这是发生在无意识中的过程。

○ ○ ● ●
/

练习：使用家谱树，带着成长故事勇敢出发

　　由于各种各样的原因，如缺少家庭内部交流，与家人常年聚少离多，甚至随着时间的流逝，家人的记忆在消退，等等，我们对于自己的生命历程及和整个家庭之间的联系是模糊的，我们可能有许多片段式的回忆，但很难把这一颗颗散乱的珍珠串成一条连续的项链。

　　试着绘制家谱树（见图 9.1），并尝试搜集整理你的成长史和家庭史（见表 9.1），这可以带你踏上一段有趣的时光倒流之旅。尝试用书信、电话或面谈等方式与重要的家人沟通，并按照时间线获取你的个人事件和家庭事件（尽情添加其他你想到的内容）。这个过程可以帮助你了解自己是谁。了解在你的不同年龄段，你的"小世界"（家庭内部）发生了什么，外面的大世界发生了什么，了解这些可以帮助你建立自己与外部世界之间的关联。

我的家庭树

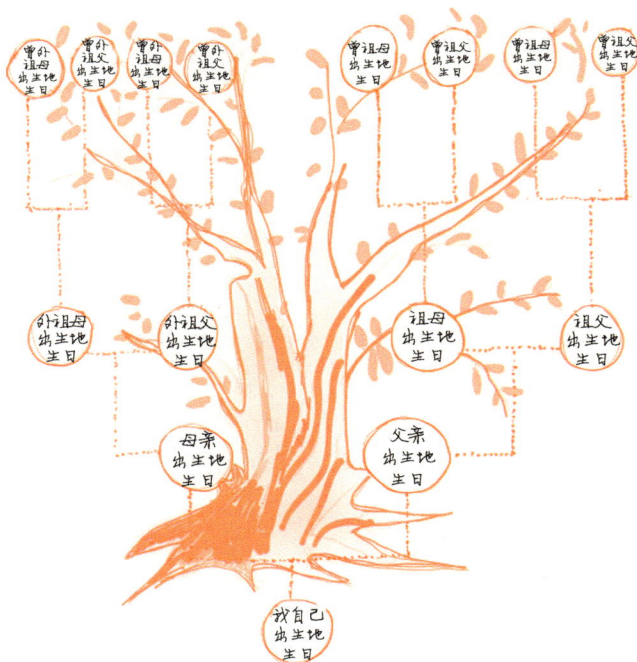

图 9.1　家谱树的示例：我的家庭树

你会在这个过程中学习到来自父母辈、祖父母辈甚至更多代的经验与教训——的确，并非所有你了解到的家庭事件都是快乐幸福的。尝试想象，你可以怎样把这些经验与教训转化为可以被自己利用的资源。这也是我们哀悼的过程，哀悼不完美的童年和不完美的父母，放下曾经没能在养育者那里被满足的愿望。只有充分地哀悼，我们才能"化悲伤为力气"，带着勇气踏上一条不同于"童年脚本"的路。

一棵树向上生长的力量，总是离不开向下扎根的深度，人类也一样。学习和获得家庭内部的资源，与我们的祖先联结，从中获得营养，这对我们探索和发展更深层的个人身份及归属感有莫大的帮助。

表 9.1　成长史和家庭史信息表

时间线	个人事件和家庭事件	信息来源和你的回忆
例如：1985 年 3 月 12 日	我出生在 ××× 医院，当时妈妈是顺产，爸爸因为出差没能及时赶回来，第二天才到医院见到我；陪同妈妈生产的人是外婆	信息来源：妈妈 你的回忆（如果有）：……
1996 年	我在那时……爸爸辞掉了工作开始做生意	同上
尽可能按时间线继续梳理	回忆过去、访谈自己的主要养育者来收集你的成长经历和家庭里重要事件，并记录下来，例如：你是怎么被养育的？是母乳喂养吗？你从出生就跟父母一起生活吗？你最早的记忆是什么？在家人眼里，你小时候是个怎样的孩子？你小时候是个好带的孩子吗？你小时候身体状况好吗？容易生病吗？除了以上问题，你还想到了哪些与你有关的重要回忆	对比看看，你自己的回忆与父母或其他养育者告诉你的故事版本一样吗？哪些地方有出入？你认为可能的原因是什么？你对此有何理解和感受

177

利用图 9.1 和表 9.1 整理出来的信息，尝试思考以下问题。

（1）小时候你的家里最快乐的时刻是什么时候？

（2）小时候你的家里最难过的时刻是什么时候？

（3）上述两个时刻对你的影响是什么？

（4）你和家里的哪位长辈（包括父母）最亲近，为什么？

（5）你最亲近的长辈的性格是什么样的，你和他 / 她哪些地方相似，哪些地方不相似？

（6）你的父母的婚姻关系如何，他们对待彼此的方式如何？你现在的亲密关系与他们的相处模式相似吗？

（7）尝试总结你现在的人际交往模式，有哪些部分可能在"重复"你的"童年脚本"？

（8）假如可以改变信息表里的信息或某个时间段的故事，你想怎么改变？为什么？

（9）如果给你的"成长故事"取个名字，它叫什么？

第十章

允许自己不完美

接纳倦怠感｜休息，休息一下

在第一章我曾提到，如果"更好"比"真实"重要，那么，建"做自己"的城堡就缺少了地基。但要是失去了更好的可能性，城堡也会死气沉沉，一片灰暗。如何让"真实的自己"和"更好的自己"结合起来，将是我们改善和增强内在价值感、修复自尊系统的一个非常重要的基础。

我们常常会有一种感受，制订了学习计划，今天学了 2 小时，明天学了 2 小时，后天可能就想歇一歇。然而，我常常会听到来访者对想休息感到焦虑。同样，对坚持健身的人来说，如果他们这一周没有健身，他们可能就会非常焦虑。第一，是因为他们健身计划的格子里缺了一个，让他们觉得不完美。第二，则是破坏了他们内心的秩序感，他们很担心自己苦心经营起来的这座大厦（内心的秩序感）会崩塌。

其实，休息是为了走得更远，我们要允许自己偶尔"躺平"，才不会真正地进入到"摆烂"状态。但当很多人在说想要"躺平"或"摆烂"时，其实是他们站得太久了，没有得到足够的休息。

接纳倦怠感是非常重要的。倦怠感是每个人都有的、真实的一部分，哪怕我们再喜欢做的事情，有一天也会觉得"好烦，不想干"。一个再爱孩子的妈妈，当她很累，很辛苦时，也会觉得"我当时是怎么失心疯了，要生个孩子"。再亲密的伴侣，在很愤怒的时候，也会想"不过了，日子过不下去了"。

我们要允许生命的状态是一条曲线，就像我们在体检中做心电图，它永远都是上上下下的。如果心电图是一条直线，反而意味着生命的静止和消逝。死亡意味着不会有变化了，而活着就代表有变化，代表有高有低，代表有能量充足的时候，也有能量比较低的时候。它在提醒我们：你需要充电，需要休息了。所以，接纳倦怠感的人，才会有持续的力量走得更远。

这个"休息"可以是一天中的下午茶，也可以是漫长人生中的一个间隔年（gap year）。我有时候会听到一些来访者表示"我现在都 30 岁了，我要是不能在 35 岁的时候晋升到某一个职位，我就没有这种可能了。"但实际上，你只要还活着，就有机会做任何你想做的事情。

我发现身边有很多朋友都特别容易对"休息"感到内疚，在他们的字典里，休息等于浪费时间。他们内心有一种幻想：如果我工作更久、更辛苦，我就会取得更多成就。这种幻想的背后往往有一种恐惧：如果我允许自己休息，我就永远不会有成就了。然而实际情况是，过度工作带来的疲乏会降低我们的工作效率，而休息和放松会使我们的效率更高。

允许自己得到充分休息的一个前提是我们要把休息和工作放在一个平等的位置上，休息不等于偷懒，休息与饮食、睡眠一样是我们人类的基本需求。休息是我们让自己在"坚持不住而崩溃"之前先暂停一下。

如果你观察到自己在工作时总是难以集中注意力，试着把"休息"光明正大地放进你的日程表里，让自己拥有稳定的、周期性的休息时间。

其实，你忙碌是一种力量，你休息也是一种力量；你做得好是一种力量，你停下来也是一种力量；你成功了是一种力量，你犯错了也是一种力量。只要你没有停止喜欢自己和爱自己，在你身上所发生的一切都可以变成你的力量来源。

成为完整的自己

在接纳倦怠感的同时，我们也要接纳"成长是辛苦的，但你不必痛苦"。

辛苦和痛苦之间是有区别的。工作狂或总是在行动的人常常会听到这样的话，"哎呀，你这么辛苦搞这个东西好自虐呀"。但我认为即使是在"受虐"这件事上，也有成熟和不成熟的区别。

生命的辛苦是什么？举个例子，我在参加母婴观察项目时，发现婴儿在换尿布的时候会一直哭，即使育婴师已经正确识别出了他/她要换尿布的需求，并且已经开始处理了，拆尿不湿、擦屁屁、换上新的尿不湿……一系列操作进行得非常温柔和专业。但是婴儿依然会不停歇地大哭，育婴师会一边帮他/她换尿布，一边说"宝贝，没事啊，一会儿我们就换好了"。直到换好之后，育婴师把他 / 她抱起来靠在自己肩头，有节奏地摇摆并发出安慰的哼唱，婴儿才最终慢慢停止哭泣。

这个过程很形象地令我感受到，一个人从不舒服到舒服的转变过程，是需要一些时间的。

生命的辛苦就是你发现水槽里的碗今天洗完了，明天还有。洗衣机里面的衣服这周洗完了，下周还有。你房间里的灰尘每一天都在增加——尽管一开始并不明显，你不得不擦了又擦，这个过程不会停止，它就像呼吸，或者排泄，是人类新陈代谢的一部分，也是我们还活着的证据，只要有呼吸，这个代谢、转化的过程就不可避免。

有时，如果我们想要去避免生命的辛苦，我们就会进入一个更困难的境地，一方面，生命的辛苦不会消失。另一方面，我们又多了另外一种痛苦，即我想要消灭这种辛苦，却消灭不掉所带来的一种痛苦。这个痛苦不就是我们自己制造出来的吗？

如果你接受了换尿布的过程就是会不舒服，你过一会儿就会舒服了；如果你接受了你牙痛要去看牙医，就是需要忍受一会儿那种痛感或不适，过一会儿你就不牙痛了；如果你接受了练琴的过程是会有点烦躁的，再过两周你就会体验到那种学有所成的满足感和成就感。反之，如果你不想承受不舒服的感觉呢？两周以后，你既不会弹琴，还会觉得自己很糟糕。不仅牙还在痛，同时还会埋怨自己为什么这么怂，连看个牙都不敢去。

所以我们需要区分，做真实的自己不是痛苦，而是辛苦，痛苦可以避免，但辛苦不可以避免。所以成为完整的自己，也意味着让真实的自己和更好的自己相遇，以及心甘情愿地接纳生活中的辛苦和快乐，接纳"好"与"坏"是并存的。

写到这里，我想起美国作家托尼·罗宾斯（Tony Robbins）在早些时候的采访中说，"在某些时候，成功变得很容易，但为了真正的成长，我们需要将我们的重点从成功转向欣赏。"如果没有发自内心的自我欣赏，那些想要成为更好的自己的愿望恰恰会成为阻碍愿望达成的障碍。

成为"更好的自己"，首先要认识到我们都是真实的人，自然的人。人会犯错，人会自相矛盾，人会改变主意。没有人能够长生不老（我知道这很老套），也没有人有办法摆脱伴随人类经验而来的任何情绪：焦虑、愤怒、恐惧——它们永远不会消失。如果我们幸运的话，我们会找到更好的方法来处理它们。正如无数比我聪明的人所指出的那样，困难的情绪／情感／情况可以是极好的学习机会。如果不出意外的话，它们是生活的一部分——而且永远都是。

练习： 与植物交朋友，悦纳生命的完整

当你看着阳台上的一棵琴叶榕或一盆常春藤时，你的感觉如何？你感到平静还是充满喜悦？我常常在工作间隙给我养的植物们修剪，浇水，或只是静静凝视它们。有许多科学实践证明，植物是有治愈作用的，与植物的互动，跟与大自然相处一样，对于我们想要保持的幸福感至关重要。这也许是为什么通常我们会在病房里摆放鲜花或绿植。

更重要的是，亲手栽种植物和培育它的过程，实质上是我们在与一个生命建立深度亲密关系的过程。在拥有植物的环境里，我们通常容易感到更快乐和更乐观。植物很容易唤起我们积极的情绪，绿色很容易让我们联想到活力、生机及孕育。

照顾植物的过程需要一定的体力劳动，如松土、浇水、施肥、修剪等，体力劳动会让大脑释放让我们感觉良好的化学物质，如血清素和多巴胺。

为了观察一颗种子发芽的过程，我们不得不学习与时间相处，也许得耐心耗上一周，这有助于增强我们的注意力，与此同时，我们得接受时间法则之一"等待"。当我们终于观察并看到一颗嫩芽破土而出时，我们其实也会观察到一种转变。这种转变的发生需要我们主动观察、了解植物的特性、给予植物适当的阳光和水，以及时间。植物新手最容易失败的原因往往是过于着急而不断地把幼苗拔出来确认，或者误以为没希望了就把它扔进垃圾桶。

植物都有属于自己的生命周期，例如，从冬季 12 月开始是月季的休眠期，也是影响它下一年生长最重要的养护期。这时，我们还需要适当修剪并检查它的生长环境，如花盆大小、肥料是不是足够等。等到春天来临，月季逐步苏醒，我们开始专注于日常护理和除病害等，好让它随着春天一同复苏生长。为了让它在初夏开花时营养均衡，我们还得打顶、掐蕾，即修剪掉一些枝叶和花苞，好让营养集中输送给剩余的枝条和花苞。

一季花开，我们付出的是四季的辛苦和不厌其烦。在生态心理学中，鼓励我们经由对生态的悲伤和哀悼去观照我们对人世的悲伤和哀悼，花开花落，叶盛叶枯，四季更迭，本是生命的完整，悦纳生命的完整让不同形态、不同阶段连贯起来。花开时雀跃赞赏，花落时积蓄力量，就像我们自己，从儿童到成人的转变，需要好奇心，需要理解，需要适当的照料，需要耐心的等待转变像一片叶子、一个花苞一样一点点发生，直至枝繁叶茂。

你可能也会体验到，无论你是什么样子，无论你是焦虑抑郁，还是春风得意，这都是你的一部分，你都可以选择成为自我养育者，为这个完整的"你"投入爱和关注。

接下来，开始你的植物观察日记吧（见表10.1），在记录的过程中思考自己的情绪、感受和想法，过一段时间以后回来看看，这些情绪、感受和想法发生变化了吗？怎么发生的？你喜欢这些变化吗？